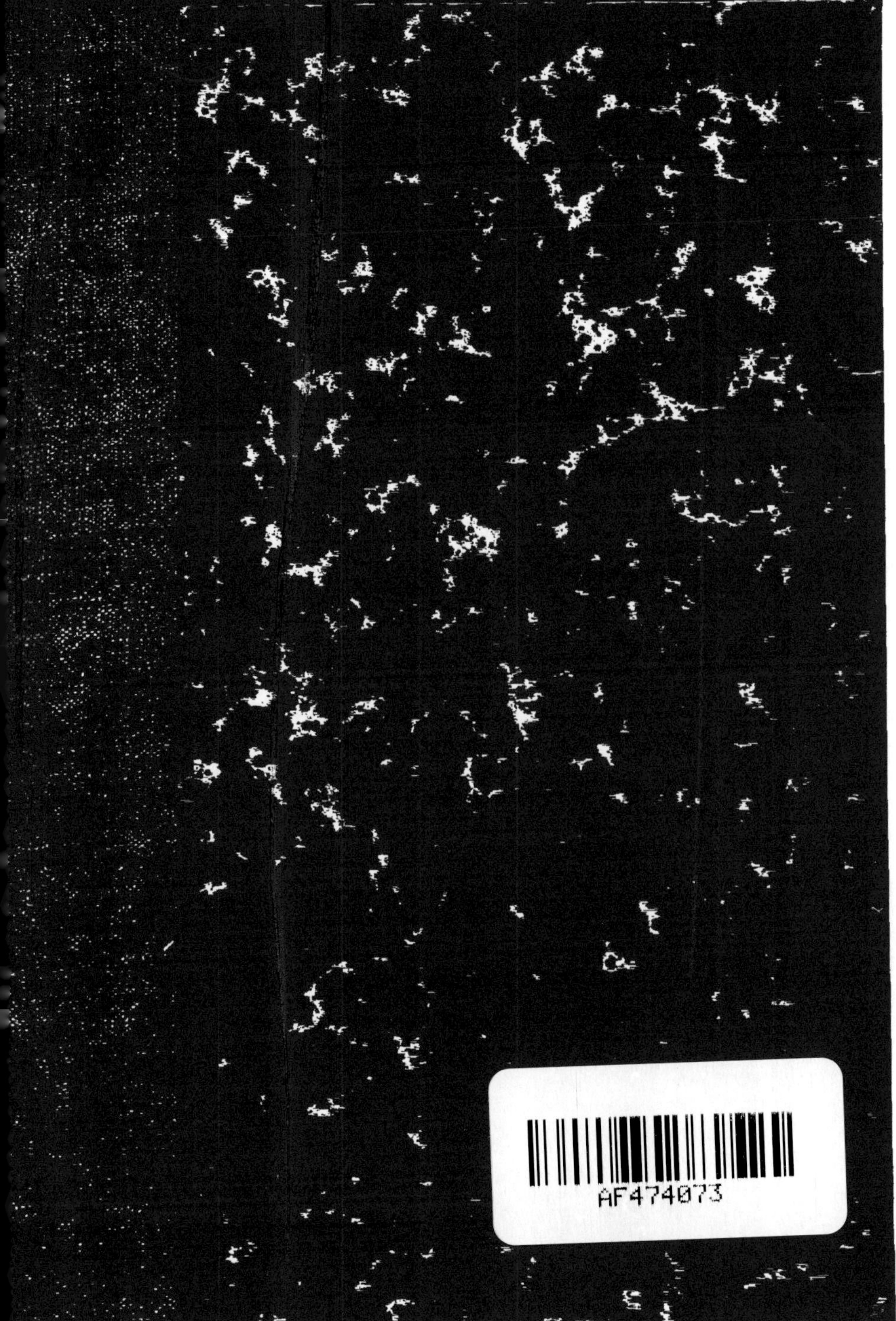

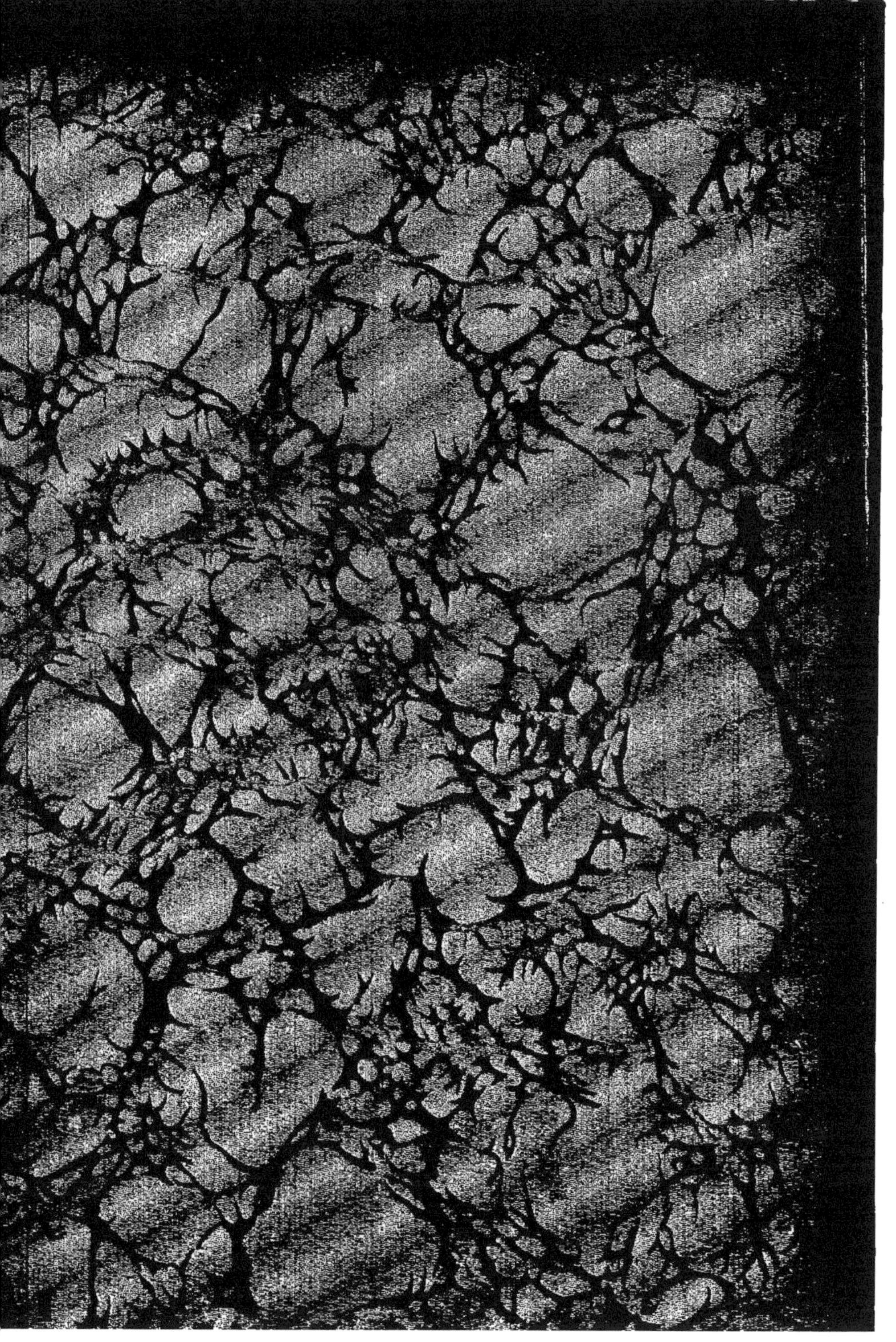

L'INFLUENCE DES MILIEUX

SUR LE DÉVELOPPEMENT DES

MOLLUSQUES

ÉTUDES COMPARATIVES

DES DIVERSES FAUNES MALACOLOGIQUES DE FRANCE

MOLLUSQUES TERRESTRES, DES EAUX DOUCES ET MARINES

PAR

ARNOULD LOCARD

L'action du milieu est souveraine dans la variabilité, c'est elle qui la provoque et la modère, la pétrit et la fixe à son tour.

Le P. M. D. LEROY (*l'Évolution des espèces organiques*, p. 77)

Mémoire présenté à la Société d'Agriculture, Histoire naturelle et Arts utiles de Lyon dans sa séance du 1er mai 1891.

LYON

IMPRIMERIE PITRAT AINÉ

Alexandre REY Successeur

4, RUE GENTIL, 4

1892

L'INFLUENCE DES MILIEUX

SUR LE DÉVELOPPEMENT

DES

MOLLUSQUES

L'INFLUENCE DES MILIEUX

SUR LE DÉVELOPPEMENT

DES

MOLLUSQUES

ÉTUDES COMPARATIVES

DES DIVERSES FAUNES MALACOLOGIQUES DE FRANCE

MOLLUSQUES TERRESTRES, DES EAUX DOUCES ET MARINES

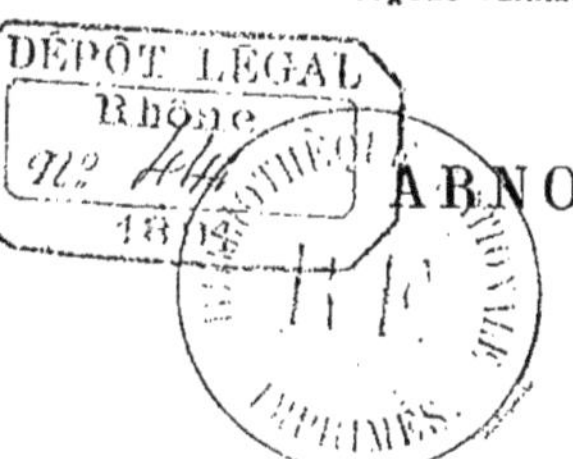

PAR

ARNOULD LOCARD

> L'action du milieu est souveraine dans la variabilité, c'est elle qui la provoque et la modère, la pétrit et la fixe à son tour.
>
> Le P. M. D. Leroy (*l'Évolution des espèces organiques*, p. 77.)

Mémoire présenté à la Société d'Agriculture, Histoire naturelle et Arts utiles de Lyon dans sa séance du 1er mai 1891.

LYON

IMPRIMERIE PITRAT AINÉ

Alexandre REY Successeur

4, RUE GENTIL, 4

1892

DE L'INFLUENCE DES MILIEUX
SUR LE
DÉVELOPPEMENT DES MOLLUSQUES

ÉTUDES COMPARATIVES
DES DIVERSES FAUNES MALACOLOGIQUES DE FRANCE
MOLLUSQUES TERRESTRES, DES EAUX DOUCES ET MARINES

> L'action du milieu est souveraine dans la variabilité, c'est elle qui la provoque et la modère, la pétrit et la fixe à son tour.
> Le P. M. D. LEROY (*l'Évolution des espèces organiques*, p. 77.)

CONSIDÉRATIONS GÉNÉRALES

Il ne suffit pas, lorsqu'une faune quelconque commence enfin à être connue dans ses principaux détails spécifiques et taxonomiques, d'en dresser le catalogue, ou de publier la description des divers éléments qui la composent. Certes, pareils travaux ont bien leur intérêt ; moins que personne nous ne saurions le contester. C'est en somme la base essentielle de toute bonne étude scientifique ; avant de discuter de l'être en général, ne convient-il pas de commencer par le connaître, de savoir son nom, de trouver la place qu'il occupe dans la nature, d'apprécier ses différentes conditions à tous les âges de sa vie et dans tous les milieux où il se trouve ? En un mot, de bonnes études spécifiques et taxonomiques doivent toujours précéder les études d'ensemble, si l'on veut qu'elles soient faites avec méthode et avec fruit. Une fois ces détails connus, il est en effet toute une série de considérations d'un ordre plus élevé, de nature plus complexe, plus philosophique, qu'il importe à tout naturaliste de chercher à connaître.

La faune malacologique de France, faune marine, terrestre, des eaux douces ou saumâtres, nous paraissant aujourd'hui suffisamment connue dans ses principaux éléments, comme nous allons le démontrer, il nous a semblé intéressant d'examiner quelles conclusions nous pourrions tirer de ces longues études préliminaires. D'autre part, une des questions les plus à l'ordre du jour dans le domaine de la philosophie des sciences naturelles, c'est incontestablement la recherche des corrélations qui peuvent exister entre une faune donnée et les milieux qu'elle habite. C'est là un sujet éminemment fécond en observations et en conclusions de toutes sortes. Nous allons essayer de le traiter, en nous restreignant ici au seul domaine de la malacologie. Après avoir procédé par la méthode analytique à la connaissance de notre faune, nous arriverons ainsi à en esquisser la synthèse.

Il est incontestable que cette faune, telle que nous la connaissons actuellement, devrait toujours rester absolument semblable à elle-même, si rien ne venait à changer dans la manière d'être des milieux où elle se reproduit. En vertu des lois existantes, tant que ces milieux resteront absolument les mêmes, les êtres qui les fréquentent continueront à se reproduire identiquement semblables entre eux et à leurs auteurs. L'être nouveau ne différera de celui auquel il succède que par quelques minimes caractères purement individuels et sans la moindre fixité. Mais il n'en est pas toujours ainsi; et l'on peut dire que la plupart du temps il existe une sorte de lutte continuelle entre les nombreux éléments qui constituent le milieu et les êtres qui s'y développent, de telle sorte que ces êtres, sollicités par des causes diverses, tendront à se modifier, soit d'une manière passagère et purement accidentelle, soit d'une manière plus complexe et parfois définitive.

Cette corrélation entre les Mollusques et les milieux qu'ils habitent est indéniable; les faits observés le démontrent surabondamment. Tous les naturalistes, même ceux qui par principe plus encore que par raisonnement sont hostiles aux lois du transformisme, l'admettent sans conteste. La nature, la manière d'être du milieu aura une action directe sur l'être qui y fait élection de domicile, et cette action sera d'autant plus sensible que les êtres y séjourneront plus longtemps après avoir passé préalablement par un milieu plus différent. « Insistons de nouveau, dit le Dr Faivre, un partisan de la fixité, pour montrer que l'influence du milieu sur les êtres organisés et dans les conditions actuelles d'existence, est réelle, incessante, qu'elle est pour l'espèce une source de variations. Comme les plantes, les animaux sont modifiés par les changements dans les conditions d'existence. Cuvier accepte cette vérité lorsqu'il écrit : Le développement des êtres organisés est plus ou moins prompt, plus ou moins étendu, selon que les circonstances lui sont plus ou moins favorables. La chaleur, l'abondance et l'espèce de la nourriture, d'autres causes encore y influent, et cette influence peut être générale sur tout le corps, ou partielle sur certains organes (1). »

Les causes qui peuvent agir sur la nature des milieux sont extrêmement variées et appartiennent à des ordres tout différents. Les unes agiront mécaniquement, telle est l'action de l'eau, du vent, des agents étrangers; d'autres ressortiront du domaine de la physique, comme l'influence de la température, de la pression, de la lumière, de l'humidité ou de la sécheresse, etc.; d'autres enfin rentreront dans la chimie, comme par exemple la nature des fonds, la composition de l'air ou de l'eau, etc. La plupart du temps, ces différentes actions se combineront de

(1) Faivre, *Considérations sur la variabilité de l'Espèce et sur ses limites dans les conditions d'existence*. Lyon, 1863, 1 br. in-8, p. 26.

manière à agir simultanément et contribueront ainsi à modifier encore davantage la nature des milieux et partant les êtres qui s'y sont fixés.

Ces diverses influences que les milieux peuvent exercer sur les êtres sont en somme purement extrinsèques; elles prennent leur source dans le monde ambiant; mais il existe simultanément des influences de nature intrinsèque qui peuvent, à leur manière, agir sur le développement des êtres. De prime abord, cette nouvelle catégorie d'influences, que nous désignerons sous le nom d'influences physiologiques, ne semblent dépendre que de l'individu lui-même, qu'elles soient volontaires ou involontaires. La plupart du temps, ces influences physiologiques, du moins lorsqu'il s'agit d'animaux d'un ordre peu élevé, ont pour cause une origine externe, continue ou accidentelle; elles rentrent dès lors dans la catégorie des influences dues aux milieux et prennent rang à côté des influences physiques, chimiques ou mécaniques, tout en conservant cependant leur autonomie.

Les conditions premières du milieu venant à changer, l'être qui le fréquente pourra, dans bien des cas, se voir sollicité à modifier sa manière d'être. Si ces modifications sont trop brusques, trop radicales, et c'est là la grande exception, puisque, comme le disaient les anciens, *natura non facit saltus*, l'être émigrera, si ses moyens le lui permettent, ou périra sur place. Mais si au contraire, sous l'action tempérante du temps, ces modifications sont lentes et progressives, l'être pourra peut-être s'adapter lentement et progressivement à ces milieux nouveaux. Un exemple nous fera bien comprendre.

Au sein d'une campagne fertile, riche en individus de toutes sortes, surgit tout à coup un mouvement du sol, précurseur d'un plus grand cataclysme, un tremblement de terre ou un volcan. Tous les animaux supérieurs, à commencer par l'homme, auront peut être le temps de fuir et de se mettre à l'abri; les êtres doués d'un mode de locomotion suffisant iront chercher un milieu nouveau plus tranquille; mammifères, oiseaux, reptiles, insectes, émigreront chacun à leur manière. Mais les poissons emprisonnés dans les eaux d'un lac ou d'un étang, les mollusques de toutes sortes, les plantes elles-mêmes, périront sur place. Voilà l'exemple d'une modification brusque dans les milieux, engendrant la disparition des êtres.

Au contraire, reportons-nous par la pensée aux derniers temps géologiques qui ont précédé l'époque actuelle, au moment où les glaciers des Alpes étendaient leur froide nappe jusque et même au delà de la vallée du Rhône, à Lyon. Il est bien certain que tout à l'entour du glacier il y avait une faune et une flore au moins analogues, sinon identiques, à celles que nous voyons aujourd'hui sur les sommets alpestres; l'étude analytique des formations géologiques nous en donne la preuve. Mais voilà que peu à peu, sous l'action bienfaisante de causes encore assez mal définies, notre glacier bat en retraite pour rétrograder jusqu'aux limites où nous le voyons aujourd'hui. A mesure qu'il s'éloigne, une partie de la faune et de la flore voisine l'accompagne; le mouvement est assez lent pour que tous les êtres puissent le suivre. Le milieu, ainsi abandonné, va-t-il rester dépeuplé? Non certes, et des hôtes nouveaux vont se constituer, soit avec les éléments d'une partie de la faune qui est restée sur place, s'acclimatant et se modifiant suivant les conditions nouvelles du milieu, soit avec des éléments étrangers qui auront à leur tour émigré sous des influences quelconques. Il y aura donc, dans ce milieu nouveau, des formes nouvelles, plus ou moins affines avec celles qui les ont précédées. Ce sont là des faits que l'étude de la géologie nous démontre, et que l'expérience et l'observation de chaque jour viennent encore corroborer.

Cette influence des milieux sur les êtres peut être considérable; personne ne saurait le nier. Mais, c'est en même temps une question éminemment complexe et particulièrement riche en conclusions de toutes sortes. En effet, des résultats causés par cette influence dépendront la vie ou la mort de l'être, le développement ou l'anéantissement du genre ou de l'espèce à laquelle il appartient, la fixation ou la variabilité de ses formes, la multiplicité ou le ralentissement de son développement sur place, en un mot, toute son histoire dans le passé, toutes les phases de sa vie dans le présent et même aussi dans l'avenir.

Dans la vaste échelle zoologique des êtres, il en est peu qui se présentent dans des conditions aussi avantageuses que les Mollusques pour l'étude de l'influence que les milieux peuvent exercer sur leur manière d'être.

Les Mollusques, en effet, excessivement nombreux comme familles, genres, espèces ou même individus, se présentent à nous sous les formes les plus variées. Tantôt complètement nus, tantôt avec une coquille interne plus ou moins rudimentaire, le plus souvent abrités sous une demeure externe au profil des plus dissemblables, ils sont répandus presque partout et dans les milieux les plus différents. Nous les voyons à la fois sur la terre, depuis la région des plaines basses et des vallées, jusqu'au niveau des neiges éternelles sur les sommets les plus élevés, tandis que d'autres se plaisent uniquement au sein des milieux aquatiques; là, aussi bien dans les eaux douces, calmes ou torrentueuses, que dans les eaux salées ou simplement saumâtres, ceux-ci se plaisent au niveau du balancement des marées, tandis que d'autres vivent encore jusqu'au fond des abîmes. De telles conditions dans la variabilité de l'habitat sont, on en conviendra, bien difficiles à retrouver chez les autres animaux; aucun d'eux, croyons-nous, ne se présente avec un aréa de dispersion aussi varié. Les végétaux seuls peuvent se rencontrer dans des milieux de nature aussi différente, sans pourtant descendre aussi bas dans la profondeur des mers; mais pareille étude ne rentre pas dans notre cadre, et nous laisserons à d'autres, plus compétents que nous sur cette matière, le soin d'examiner au même point de vue qui nous occupe, les variations que le monde des plantes peut présenter suivant la nature des milieux.

D'autre part, ces mêmes Mollusques ont fait leur apparition dans les temps géologiques les plus reculés; sans remonter aux toutes premières manifestations de la vie animale sur le globe, nous voyons cependant que les Mollusques, sous diverses formes, dont quelques-unes même s'éloignent peu des formes actuelles, ont régné en maîtres dans les temps les plus anciens. C'est par des modifications successives qu'ils sont arrivés à donner naissance aux types actuels; et, en effet, à la fin de l'époque tertiaire comme durant toute l'époque quaternaire, nous retrouverons la plupart des formes actuelles, les unes absolument identiques, d'autres plus ou moins modifiées. Il est donc possible, grâce à la nature solide de l'enveloppe testacée qui abrite le Mollusque, de pouvoir reconstituer son histoire dans des temps fort anciens, puisqu'il remonte bien au delà de l'apparition de l'homme sur la terre.

D'autre part, la robusticité de la constitution de l'animal chez les Mollusques est telle, qu'elle se présente dans les meilleures conditions pour résister aux observations expérimentales; or, celles ci, dans bien des cas, vont servir à contrôler de la façon la plus complète nombre de faits observés dans la nature et jusqu'alors restés inexpliqués.

Enfin, les conditions physiologiques de ces êtres vont nous permettre de les prendre à témoin de certains phénomènes auxquels ils ont assisté. Doués de mouvements lents, il est vrai, ils peuvent néanmoins se déplacer et émigrer, portant plus loin avec eux leur demeure. Ils deviennent ainsi de précieux auxiliaires prêts à tester, dans de justes limites, des faits qui ont pu se passer sous leurs yeux. D'autres fois, grâce à leur petite taille, ils sont facilement charriés et entraînés au loin par toutes sortes d'agents mécaniques naturels; ainsi transportés, bien malgré eux, sans doute, dans des milieux nouveaux où il nous sera facile de les suivre, nous pourrons voir ce qu'ils deviendront dans ces conditions nouvelles, s'ils s'adaptent tels quels, s'ils se modifient, ou s'ils renoncent aux conditions nouvelles d'existence qui leur sont faites.

Tels sont les principaux avantages que nous présentent les Mollusques pour le genre d'étude que nous nous proposons de faire. Mais avant d'aller plus loin, commençons par examiner dans quelles conditions ces différentes faunes malacologiques vivantes ou fossiles se présentent à nous, et quelles ressources d'observations nous sommes en droit d'attendre d'elles.

HISTOIRE DE LA FAUNE MALACOLOGIQUE FRANÇAISE

C'est surtout de la faune malacologique française que nous nous occuperons dans cette étude, et plus particulièrement de la faune actuelle; c'est elle qui nous servira de base pour tabler nos observations, sans préjudice, bien entendu, des excursions que nous aurons loisir de faire dans la faune européenne ou même exotique, soit vivante, soit fossile.

La faune vivante française se présente aujourd'hui dans des conditions absolument exceptionnelles; de plus, son champ d'extension est bien suffisamment vaste pour que nous puissions y puiser de nombreux exemples. En effet, d'une part, depuis de longues années nous nous sommes occupé avec un soin égal, au point de vue de la juste répartition de la valeur spécifique, des trois faunes terrestres, des eaux douces et marines de la France; ce sont donc là des garanties absolument certaines de parfaite homogénéité et partant d'une grande exactitude dans les comparaisons que nous aurons à établir entre ces diverses faunes ; les chiffres de genres ou d'espèces que nous aurons occasion de relever seront ainsi absolument comparatifs. C'est là une donnée des plus importantes et que nous aurions beaucoup de peine à retrouver ailleurs, avec les connaissances actuelles de la science, alors que chacun apprécie l'espèce à sa manière.

D'autre part, nos trois faunes se présentent également avec un degré de variabilité dans l'habitat aussi complet que possible. Pour les Mollusques terrestres, n'avons-nous pas des faunules constamment soumises aux influences d'altitude les plus grandes qu'il soit permis de concevoir sans compromettre la vie des êtres ; n'avons-nous pas une faune centrale, presque autochtone et une faune littorale soumise à des influences toutes spéciales; le nord et le midi n'offrent-ils pas dans leur faune comme dans leur flore des différences considérables ? Pour les Mollusques des eaux douces, ne voyons-nous pas nos Nayades grandes ou petites passer des eaux paisibles des lacs, des marais, des étangs, aux cours plus agités des ruisseaux, des rivières, des fleuves et des torrents ? La faune marine que nous pouvons étudier sur plus de la moitié de la périphérie de notre continent, peut-elle, sur un pareil espace, présenter plus de variabilité dans l'habitat? La faune de la Manche et de l'Océan ne vit-elle pas dans des conditions toutes différentes de celle de la Méditerranée ? Ici, avec des degrés de salure bien distincts, des fonds vaseux, sablonneux, herbeux ou de roche, tantôt continuellement immergés, tantôt soumis aux caprices de la vague, du flux et du reflux; là des plages sans fin ou des précipices à pic précédant les abîmes les plus profonds que l'homme ait jamais sondés !

La faune malacologique française présente donc toutes les garanties suffisantes pour que l'on puisse en comparer utilement les éléments, et ses conditions d'habitat sont bien assez variées pour que nous puissions y recueillir déjà de nombreux éléments d'observations. Examinons donc successivement les données que peuvent nous fournir chacune de ces trois faunes au point de vue de l'espèce.

Faune terrestre. — Par suite de bien étranges considérations, considérations purement humaines, pendant nombre d'années la faune terrestre a toujours été bien moins connue que la faune marine; quant à celle des eaux douces, c'est à peine s'il en était question. Jusqu'au commencement de ce siècle, il semble que les amis ou curieux de la nature n'aient eu d'yeux que pour ce qui était un peu gros, et surtout pour ce qui venait de l'étranger. Il est bien certain que les savants d'alors étaient plutôt des collectionneurs, cherchant à réunir dans leur cabinet ce qui pouvait plaire à la vue, plutôt qu'une collectivité de choses de même nature ou de forme similaire appartenant à des pays différents. Or, il faut bien le reconnaître, les coquilles des pays exotiques, surtout les coquilles marines, l'emportent souvent de beaucoup et comme taille et comme richesse de forme ou de coloration sur les modestes coquilles de nos pays; nos *Helix pomatia* et *aspersa* ne feront jamais aussi belle figure dans une vitrine de collectionneur que ces beaux *Cochlostylus* des Philippines aux couleurs chaudes et au teint brillant. Pourtant, parmi nos espèces marines, quelques-unes ne sont point à dédaigner. Les grandes *Pinna nobilis* des côtes de Provence mesurant plus d'un demi-mètre de hauteur, nos *Haliotis tuberculata* et *lamellosa*, les *Pecten varius* ou *opercularis*, le *Cytherea Chione* et bien d'autres, pour ne citer que les espèces les plus grosses et les plus belles, peuvent le disputer avec n'importe quelle coquille exotique.

Quant à la délicatesse de la forme, l'élégance ou la richesse de l'ornementation, la variété dans le galbe, c'est plus encore chez les petites espèces, souvent même presque microscopiques, qu'il faut aller les chercher. Quelques-unes de nos *Rissoidæ* ou de nos *Pyramidellidæ* sont à ce point de vue, et malgré leur petitesse, de vraies merveilles de charme et de grâce.

Mais, allez donc mettre en parallèle aux yeux de l'amateur n'importe quelle forme commune, qu'il peut même se procurer sur nos marchés, avec toute autre forme similaire dont tout le mérite est d'être rare ou de venir de loin. Il n'hésitera pas un seul instant, car bien souvent pour lui une coquille n'aura de prix qu'uniquement parce qu'elle est rare ou qu'elle est exotique. Le fameux *Conus gloria-maris* payé dans les ventes jusqu'à plus de mille francs, le célèbre *Spondilus regius* vendu, dit-on, de trois à six mille francs, qu'ont-ils donc de réellement plus beau que leurs plus modestes congénères; dispersés dans une collection de Cônes ou de Spondyles vous auriez grand'peine à les distinguer au premier coup d'œil; mais ils sont rares, et cela suffit pour qu'ils soient prisés davantage. Pour combien de choses en ce monde n'en est-il pas souvent de même!

Tant il y a que jusqu'au commencement de ce siècle, les collections d'histoire naturelle étaient toujours très pauvres en fait de coquillages vivants français et plus particulièrement en Mollusques terrestres. Il nous serait facile de citer encore nombre de nos musées publics, même des plus importants, où l'on exhibe aux regards d'un public ignorant et naïf de belles coquilles de la mer Rouge, des Indes, de Calédonie, des Antilles, sans que l'on puisse trouver trace du moindre échantillon faisant partie de la faune locale, certes infiniment plus intéressant à étudier que ces débris isolés d'une faune exotique.

Il y a bien contre ces malheureux Mollusques terrestres un vieux préjugé que des siècles entiers n'ont pu déraciner. Combien de personnes ont encore la Limace en horreur. Est-ce un souvenir de cet anathème de la Vulgate : *Amon schibeloul thaumes ielach*, « il passera comme le Limaçon qui fond » ; n'est-ce pas plutôt une sorte de répugnance bien naturelle pour cet animal froid et visqueux, aux allures basses et rampantes, qui fait qu'on aime assez peu à le toucher, et qu'anciens ou modernes préfèrent l'écraser sous leur pas que de le ramasser. Nous connaissons de fort bons naturalistes qui volontairement excluent de leurs études, uniquement par répugnance, les Arions, les Limaces, les Nudibranches, pour ne s'occuper que des coquilles une fois privées de leur animal. Or, toutes ces coquilles exotiques nous arrivent toutes fraîches, toutes préparées, tandis qu'avant de pouvoir exhiber dans nos collections les Mollusques de nos pays, il faut nécessairement leur faire subir une préparation qui n'est pas toujours bien ragoûtante, et qui souvent laisse après elle une désagréable et persistante odeur.

L'histoire ancienne et quasi moderne de la malacologie terrestre est facile à faire, surtout lorsqu'il s'agit de la faune française. Déjà nous nous sommes expliqué à l'égard du rôle que jouaient les Mollusques dans l'antiquité (1) ; nous n'avons donc pas à revenir sur cette question. Laissant de côté les auteurs de la Renaissance, Belon du Mans, Rondelet, Aldrovande, Gesner, etc., fort pauvres en observations sur le sujet qui nous intéresse, nous passerons encore sur les auteurs du XVIIIe siècle, comme Lister, Dézallier d'Argenville, Gualtieri, Knorr, Favannes, Martini et Chemnitz, etc., qui du reste ne s'occupent qu'incidemment de la faune française, pour arriver plus vite au grand maître de la science, au fondateur de la nomenclature binominale, à l'immortel Linné.

Subissant en partie les errements de ses précurseurs, Linné, malgré ses recherches personnelles, n'a que très imparfaitement connu la faune européenne. Pourtant, dans son *Systema*

(1) A. Locard, 1884. *Histoire des Mollusques dans l'antiquité*, 1 vol. gr. in-8.

naturæ (1), nous commençons à trouver un peu plus de cette homogénéité spécifique qui fait complètement défaut chez ses devanciers. Linné cite environ 44 espèces tant terrestres que des eaux douces ; nous disons environ, car quelques-unes de ces formes sont encore litigieuses; mais il est bien certain qu'il devait en connaître un plus grand nombre, puisque, sous la même dénomination, il réunissait plusieurs espèces distinctes, comme on l'admet aujourd'hui. Il est évident par exemple que, sous le nom d'*Helix hispida*, il a englobé toutes les petites Hélices dont le test était couvert de poils, de même que, sous celui de *Mya pictorum*, il embrassait la totalité des Unios vivant dans les cours d'eau d'Europe.

L'étude des collections de Linné, faite par Hanley (2), a démontré quelle conception par trop vaste, le maître avait de l'espèce. Mais chaque temps a ses modes, et au temps de Linné, alors que les connaissances en histoire naturelle étaient encore fort restreintes, sous une même dénomination spécifique, on comprenait des formes admises aujourd'hui sans conteste comme différentes, et auxquelles nous accordons la même valeur, la même importance, en tant qu'espèces, dans nos classifications. Les anciennes espèces linnéennes doivent donc être considérées comme de véritables têtes de groupe, autour desquelles viendront se ranger un certain nombre de formes spécifiques affines, mais différentes.

Souvent il arrive, dans ces conditions, que le naturaliste est fort embarrassé de savoir ce que représente au juste le type linnéen. Ainsi par exemple, dans le groupe des Hispides, quelle est la forme qui devra répondre exactement au nom d'*Helix hispida?* C'est là parfois un problème assez difficile à

(1) Linné, *Systema naturæ, per regna tria naturæ, secundum classes, ordines, genera, species, cum characteribus, differentiis, synonymis, locis.* Editio decima, Holmiæ, 1758; Edit. duodecima, Holmiæ, 1766-1767.

(2) Hanley (Sylvanus). *Ipsa Linnæi conchylia. The shells of Linnæus, determined from his manuscripts and collection*, 1 vol. in-8. London, 1855.

résoudre. Les diagnoses de Linné sont si courtes, si sommaires qu'elles peuvent, la plupart du temps, s'appliquer à plusieurs espèces plus ou moins voisines. Il est vrai que, presque toujours, il accompagne ses diagnoses de références iconographiques; mais celles-ci sont si peu exactes, parfois même si fantaisistes, que le lecteur, après les avoir consultées, est encore plus embarrassé qu'avant. On peut bien y reconnaître certaines grandes formes au profil ou à l'ornementation parfaitement caractérisé; mais allez donc chercher les petites espèces dans les atlas de Lister, de Gualtieri, de Bonanni, et tant d'autres; bien malin celui qui peut les y reconnaître avec toute la certitude voulue! Que faire alors, supprimer les types linnéens? Mais c'est se priver d'une donnée première qui doit faire loi et à laquelle tout le monde doit se rapporter. Le mieux, dans ce cas, consiste à attribuer le nom linnéen à la forme la plus commune, la plus répandue, et nous dirons volontiers la plus septentrionale du groupe. Et en effet, ce sont surtout les formes les plus communes qui ont dû passer sous les yeux de Linné; ce sont également de préférence les formes de Danemark, de Suède, de Norvège, ou tout au moins des pays voisins de celui qu'il habitait, qu'il a eu le plus de chance d'étudier, plutôt que les formes méridionales d'Italie, d'Espagne, qui étaient moins à sa portée.

Nous conserverons donc religieusement les noms linnéens en nous efforçant de les appliquer aussi exactement que possible aux types qu'il a pu connaître, et en cas de doute, ce sera de préférence à une forme septentrionale et plus particulièrement répandue que nous l'attribuerons. C'est très vraisemblablement par exception que les formes européennes rares ont pu être connues de l'auteur du *Systema naturæ*.

C'est à l'abbé Geoffroy, régent de la Faculté de médecine de Paris, que l'on doit le premier traité de malacologie exclusivement relatif à la faune française. Dans ce petit volume assez rare (1), surtout lorsqu'il est accompagné des trois planches gravées par Duchesne, l'auteur ne s'occupe que des environs de Paris ; il y signale déjà 46 espèces terrestres ou fluviatiles.

A Jacques-Philippe-Raymond Draparnaud, de Montpellier, revient l'honneur d'avoir écrit le premier ouvrage complet sur la malacologie de toute la France, mais seulement sur les Mollusques terrestres et des eaux douces. Dans un premier mémoire publié en 1801 et intitulé *Tableau des Mollusques terrestres et fluviatiles de la France* (2), notre auteur donnait 132 espèces réparties en 18 genres. Ce ne fut qu'après sa mort que parut, en 1805, son grand ouvrage ayant pour titre : *Histoire naturelle des Mollusques terrestres et fluviatiles de la France* (3). Cette œuvre véritablement magistrale, fruit de huit années d'études et de recherches, comme il est dit dans la préface, était accompagnée de 13 planches admirablement exécutées par deux de ses élèves, Ducluzeau et Grateloup. Dans cet ouvrage, le nombre des espèces s'accroît encore et passe à 173, réparties en 19 genres, soit 41 espèces de plus que dans son premier travail, et 129 de plus que Linné.

« Ce qui distingue et fait le mérite de cet ouvrage, dit M. Bourguignat, pour l'époque où il a été composé, c'est la clarté de l'exposition, la netteté de la classification, l'exactitude des synonymies, la concision des descriptions, en un mot, la simplicité de la méthode. Cette Histoire est un chef-d'œuvre, c'est l'ouvrage fondamental de la malacologie française. Il y a bien çà et là quelques points à reprendre, quelques imperfections à signaler ; mais quel est l'ouvrage parfait ? La science n'a-t-elle

(1) Geoffroy, *Traité sommaire des coquilles, tant fluviatiles que terrestres, qui se trouvent aux environs de Paris*, Paris, 1767, 1 vol. in-12 (parfois accompagné de 3 planches gravées par Duchesne).

(2) Draparnaud (Jacques-Philippe-Raymond), *Tableau des Mollusques terrestres et fluviatiles de la France*, Montpellier, an IX, 1 vol. in-8.

(3) Draparnaud (J.-P.-R.), *Histoire naturelle des Mollusques terrestres et fluviatiles de la France*, Paris, Montpellier (1805), 1 vol. in-4, avec 13 pl.

pas marché depuis le commencement du siècle? Draparnaud pouvait-il, en 1800, connaître ce que nous connaissons aujourd'hui (1)? »

En 1831, le lieutenant Gaspard Michaud, tout en poursuivant la carrière des armes avec ses incessantes vicissitudes, compléta l'œuvre de Draparnaud (2) et porta à 231 le nombre des Mollusques de France, dont 158 Mollusques terrestres, le tout réparti dans 53 genres. Comme on le voit, dans l'espace d'un demi-siècle, les connaissances malacologiques au point de vue du genre et surtout de l'espèce avaient quintuplé. Et pourtant à quelles difficultés sans nombre, le pauvre naturaliste d'alors n'était-il pas en proie?

Il était bien loin d'avoir ces innombrables modes de locomotion dont nous jouissons aujourd'hui, qui facilitent les grands comme les petits déplacements, et mettent les plus longs voyages à la portée des bourses les plus modestes. En outre, le nombre des malacologistes était encore fort restreint; cette science nouvelle n'avait pas eu le temps de faire beaucoup d'adeptes. Draparnaud et Michaud n'avaient pas comme nous ces innombrables correspondants qui fouillent, cherchent, chassent un peu partout, et nous font participer par d'heureux échanges à leurs trouvailles. Alors, avec quelles difficultés et à quels prix pouvait-on correspondre ou envoyer le moindre coquillage à travers la France; le précieux colis postal n'était pas inventé, et la diligence ou la malle-poste avait bien autre chose à faire que de se charger d'une petite boîte de Mollusques pour un ami lointain. A cette époque on n'avait encore qu'un petit nombre d'ouvrages à consulter; bien peu de musées ou de collections étaient à la disposition des naturalistes pour leur permettre de contrôler

(1) Bourguignat, *in Revue biographique de la Société malacologique de France*, II, Paris 1886, p. 101.

(2) Michaud (A.-L.-G.), *Complément de l'Histoire naturelle des Mollusques terrestres et fluviatiles de la France*, Verdun, 1831, 1 vol. in 4, avec 3 pl.

leurs déterminations. Combien de nos jours la science est devenue plus facile, plus accessible à tous! Si donc aujourd'hui nos catalogues sont infiniment plus complets, plus riches en espèces, plus chargés d'observations de toutes sortes, cela n'aura rien de bien étonnant, puisqu'il nous est donné de pouvoir réunir, en quelques heures, encore plus de matériaux que nos vieux maîtres n'ont pu parvenir à le faire pendant toute leur existence.

Avec Draparnaud et Michaud, le goût de la malacologie se répandit petit à petit en France; nos maîtres firent école, et bientôt on vit paraître nombre de catalogues ou de monographies locales, faisant faire de nouveaux progrès à la science. Aleron, Aubriot, Barbié, Baudon, Blainville, E. Blanchard, Bosc, Boubée, Bouchard-Chantereaux, Bouillet, Brard, Bruguière, Cantraine, de Cessac, de Charpentier, Chenu, Collard des Cherres, Companyo, Cotteau, Cuvier, Delessert, Deshayes, Desmarest, Drouët, Dumont, Farines, Faure-Bignet, Ferrussac, Fischer, Gassies, Gervais, Grateloup, Hécart, Holandre, Joba, Lamarck, Massot, Mauduyt, Maulny, Mermet, Millet, Mortillet, des Moulins, Normand, Noulet, Panescorse, Picard, Poupart, Prévost, Puton, Ray, Reyniés, Risso, de Saint-Simon, de Saulcy, Terver, Vallot, etc., pour ne parler que des auteurs qui se sont occupés de la faune française terrestre (1), contribuèrent, chacun à sa manière, à développer les connaissances relatives à la faune malacologique. Ainsi marcha la science, franchissant une nouvelle et importante étape, jusqu'au jour où parurent, presque simultanément, vers 1855, les deux ouvrages de l'abbé Dupuy et de Moquin-Tandon, sur la malacologie française (2).

(1) Pour plus de détails, nous renvoyons le lecteur à la *Bibliographie* que nous avons publiée (pages 369 à 414), dans notre *Catalogue des Mollusques vivants de France, Mollusques terrestres, des eaux douces et des eaux saumâtres*, Lyon, Paris, 1882.

(2) Moquin-Tandon (A.). *Histoire naturelle des Mollusques terrestres et fluviatiles de France, comprenant des études générales sur leur anatomie et leur*

Moquin-Tandon, avec une étroite conception spécifique, meilleur anatomiste que classificateur, confondant trop souvent la notion de l'espèce avec celle de la variété, admit néanmoins 267 espèces pour les Mollusques terrestres et des eaux douces de France, dont 193 exclusivement terrestres. L'abbé Dupuy (1), avec de plus justes appréciations, porta ce nombre à 347 espèces, dont 299 Mollusques terrestres, et sans tenir compte des Mollusques nus de la famille des Limaciens. On voit par ce seul chiffre quelle somme de progrès la science avait réalisés en peu de temps.

C'est à partir de cette époque, qu'avec le développement du réseau des chemins de fer et l'extension des services postaux, que les échanges et les relations entre naturalistes devinrent rapidement plus nombreux et permirent de mieux connaître notre faune. Bien des régions jusqu'alors inexplorées décelèrent la présence de formes nouvelles ; la facilité des modes de communication permit de comparer des faunes éloignées avec plus de précision et d'exactitude qu'on avait pu le faire jusqu'alors. Une ère nouvelle venait encore de surgir, c'est celle que nous franchissons actuellement.

Un grand savant, auquel la science qui nous occupe doit beaucoup, lui donna alors une impulsion toute nouvelle. Après avoir parcouru successivement, pas à pas, une grande partie de la France, sans compter les pays étrangers, M. J.-R. Bourguignat, dans une série considérable de publications (2), fit connaître le résultat de ses longues, persévérantes et méthodiques recherches. Mais plus d'un, effrayé de cette somme de science,

physiologie, et la description particulière des genres, des espèces et des variétés, Paris, 1855, 2 vol. in-8. texte et un atlas de 54 pl. coloriées.

(1) Dupuy (l'abbé D.). *Histoire naturelle des Mollusques terrestres et d'eau douce qui vivent en France*, Auch, 1847-1852, 1 vol. in-4 texte, et un atlas de 31 pl. noires.

(2) La liste des publications de M. Bourguignat, a été relevée en 1885, dans le tome premier de la *Revue biographique de la Société malacologique de France*, pages 46 à 76.

trouvant plus facile de s'en tenir aux anciennes connaissances des temps passés, plutôt que de suivre la science dans ses incessants progrès, crut devoir critiquer cette œuvre si véritablement magistrale. Laissons le temps passer sur tout cela; l'avenir démontrera sans conteste qu'une science naturelle, quelle qu'elle soit, surtout lorsqu'elle est aussi jeune que la malacologie, n'a jamais dit son dernier mot; toujours avare de ses trésors, elle ne découvre ses secrets qu'à ceux-là seuls qui, marchant sans cesse dans la voie du progrès, vont toujours de l'avant pour chercher, sonder, fouiller plus profondément encore à travers un monde si peu connu, même de ceux qui se prétendent les plus forts.

Aujourd'hui, la science malacologique a accompli de grands, d'incontestables progrès, sans avoir dit, proclamons-le bien vite, son dernier mot. Dans notre *Prodrome de malacologie française*, publié en 1882 (1), nous avons résumé toutes les connaissances acquises à ce moment. Ce travail, mis à jour à l'aide des différentes publications parues depuis cette date (2),

(1) A. Locard, *Prodrome de malacologie française, Catalogue général des Mollusques terrestres, des eaux douces et des eaux saumâtres*, Paris, Lyon, 1883, 1 vol. gr. in-8.

(2) A. Locard, Monographie du genre *Lartetia*, Lyon, 1882, 1 vol. gr. in-8, avec planche.

— Note sur les Helix françaises du groupe de l'*Helix nemoralis*, Lyon, 1882, 1 br. in-8.

— Description d'une espèce nouvelle de Mollusques appartenant au genre *Paulia*, Lyon, 1883, 1 br. gr. in-8.

— Monographie des Hélices du groupe de l'*Helix Heripensis* Mabille, groupe des Hélices dites striées, Lyon, 1883, 1 br. gr. in-8, avec tableau.

— Monographie des Hélices du groupe de l'*Helix Bollenensis* Loc., Lyon, 1884, 1 br. gr. in-8, avec planche et tableau.

— Description de quelques Anodontes nouveaux pour la faune française, Lyon, 1885, 1 br. gr. in-8.

— Monographie des Hélices du groupe de l'*Helix unifasciata*, Poiret, Lyon, 1885, 1 br. gr. in-8, avec tableau.

— Description de deux Nayades nouvelles pour la faune française, Rouen, 1885, 1 br. in-8.

— Description d'une espèce nouvelle de Mollusque Gastropode, *Bythinella Lancelevei*, Rouen, 1885, 1 br. in-8.

nous accuse l'existence de 869 espèces de Mollusques, seulement pour la faune terrestre. C'est beaucoup, sans doute, mais nous pouvons affirmer que, dans vingt ans, ce nombre sera plus grand encore, n'en déplaise à ceux qui prétendent qu'il ne restait plus rien à faire après les travaux de Moquin-Tandon et de l'abbé Dupuy ! Nous voilà bien loin des 44 espèces de Linné, ou des 173 espèces de Draparnaud ; mais une pareille progression ne surprendra pas celui qui veut bien suivre, sans aucun parti pris, les progrès de toutes sortes réalisés par la science depuis moins d'un siècle.

Ainsi donc, pour nous résumer sur cette première donnée, nous constatons que la faune terrestre française, telle que nous la comprenons aujourd'hui, compte un total de 869 espèces, ayant toutes la même valeur, la même importance dans notre classification, chacune d'elles étant susceptible d'affecter un plus ou moins grand nombre de variétés *ex forma* et *ex colore*. Ces 869 espèces sont réparties dans 36 genres, appartenant à 7 familles différentes.

Faune des eaux douces et saumâtres. — C'est avec intention que nous rangeons la faune des eaux saumâtres avec celle des eaux douces ; en effet, le petit nombre des espèces qu'elle renferme a, par son galbe, par ses mœurs, plus d'analogie avec les espèces vivant normalement dans les eaux douces, qu'avec les espèces franchement marines. D'autre part, ces

A. Locard. Description de quelques Hélices Xerophiliennes nouvelles, Paris, 1885, 1 br. gr. in-8.

— Études critiques sur les Hélices du groupe de l'*Helix rufescens* Pennant, Lyon, 1885. 1 br., gr. in-8.

— Revision des espèces françaises appartenant aux genres *Margaritana* et *Unio*. Lyon, 1889, 1 vol. gr. in-8.

— Monographie des espèces françaises appartenant au genre *Valvata*, Lyon, 1889, 1 br. gr. in-8. avec tableau.

— Revision des espèces françaises appartenant aux genres *Pseudanodonta* et *Anodonta*, Lyon, 1890. 1 vol. gr. in-8.

milieux saumâtres sont en général de composition chimique très variable; étant la plupart du temps de peu d'étendue, leur degré de salure est subordonné aux pluies et aux apports d'eau douce qui se font sur leurs rives. Ils ne présentent qu'exceptionnellement cette grande fixité que l'on observe dans l'eau de mer.

L'histoire des Mollusques des eaux douces, et plus particulièrement des Acéphales est assez singulière. Au temps de Linné, on distinguait à peine quelques Physes, Limnées ou Planorbes; toutes les Unios d'Europe étaient représentées par le *Mya pictorum;* les Margaritanes, par le *Mya margaritana,* et les Anodontes, par le *Mytilus cygnæus.* La science était alors singulièrement moins complexe qu'aujourd'hui, et le naturaliste ne devait pas éprouver grand embarras pour classer ses coquilles. Aussi, lorsqu'en 1788 Laurentius-Münter Philipsson soutint, dans sa thèse inaugurale (1), qu'il fallait encore distinguer, en Europe, les *Unio crassus, tumidus* et *ovalis,* il dut accomplir une véritable révolution scientifique.

Plus tard, Draparnaud admit 53 espèces pour la faune des eaux douces, et Michaud porta ce nombre à 68; Moquin-Tandon l'éleva à 74 et l'abbé Dupuy en constata 150. Ici encore, comme pour les Mollusques terrestres, la progression avait été bien rapidement croissante. Aujourd'hui, nos connaissances actuelles nous permettent de distinguer 893 espèces de Mollusques aquatiques, soit donc un peu plus que les 869 Mollusques terrestres, ce que personne jusqu'à ce jour n'avait observé, et nous ajouterons que ce chiffre des espèces aquatiques croîtra encore plus rapidement que celui des espèces terrestres; car, comme nous allons le démontrer, la faune des eaux douces est beaucoup moins bien connue que la faune terrestre ou que la faune marine, par cette simple raison que, d'une part, il est

(1) Philipsson (Laurentius-Münter), *Dissertatio historia naturalis sistens nova Testaceorum genera,* Lundæ, 1788, 1 vol. br., in-4.

infiniment plus difficile de se procurer des matériaux d'études sufisants, lorsqu'il s'agit de la faune des eaux douces, et que, d'autre part, le milieu dans lequel elle se développe sollicite tout particulièrement au polymorphisme les êtres qui vivent dans un pareil milieu.

Cette faune aquatique est répartie dans un moins grand nombre de genres que la faune terrestre, nous ne comptons, en effet, que 32 genres seulement, appartenant à 13 familles; mais sur ce nombre, 7 familles sont acéphales et ont une coquille bivalve; ce sont ces dernières qui, comme espèces, constituent la majorité chez les Mollusques aquatiques.

Examinons maintenant de quelle manière le naturaliste va pouvoir se procurer ces différents matériaux d'étude. Rien de plus facile, de plus pratique, nous dirons même de plus attrayant que la chasse des Mollusques terrestres; elle est à la portée de tout le monde; les engins nécessaires sont on ne peut plus simples et toujours faciles à se procurer : de bons yeux, de bonnes jambes, un récipient quelconque pour y loger le produit de la chasse, un peu de patience, pas mal de persévérance, et tout est dit. Avec de l'expérience, on arrivera à découvrir le gîte de quelques formes qui échappent aux yeux du commun des mortels, et, en peu de temps, le plus modeste des amateurs arrivera aux meilleurs résultats.

Il n'en est plus du tout de même lorsqu'il s'agira de se procurer des Mollusques aquatiques. Pour les univalves, Limnées, Physes, Planorbes, Ancyles, etc., ou même pour les petites bivalves, Sphæries ou Pisidies, la plupart du temps on les récoltera dans de petits ruisseaux, d'étroites mares ou sur les bords facilement accessibles de marais peu profonds. Leur fragile et légère coquille flotte à la surface, et si l'animal vient à mourir, « le moindre vent qui d'aventure fait rider la face de l'eau », se chargera de la ramener à la rive; là, il n'y a plus qu'à se baisser pour la ramasser. Aussi voyons-nous ces espèces déjà bien étudiées par les anciens et répandues dans toutes les collections. Et pourtant il en est un certain nombre dont l'habitat, plus localisé, est bien moins facilement accessible. Voici des Limnées qu'il faut aller chercher dans les lacs alpestres, des Physes ou des Pisidies qui ne se plaisent que dans certains ruisseaux, d'autres qui vivent plus profondément dans les eaux ou qui fuient le voisinage de la rive. Toutes ces formes, et le nombre en est déjà grand, ont, durant bien longtemps, échappé aux investigations sommaires des chercheurs; et, par ce qui a été découvert ces dernières années, on est certes bien en droit de conclure que l'avenir nous réserve encore plus d'une surprise.

Mais, pour récolter les grandes coquilles des Unios et des Anodontes, c'est bien une autre affaire. Il en est dans le nombre qui ne se plaisent que dans les grands cours d'eau, les grands lacs, les étangs profonds ; c'est à peine si, sur les bords, et encore en ayant soin d'arriver juste au moment de la baisse des eaux, on peut parfois récolter quelques rares individus. Pour parvenir à se procurer une bonne série de ces Mollusques, il faut s'équiper d'une façon toute spéciale, avoir une barque à sa disposition, se munir d'une drague suffisante, le tout manœuvré par un personnel convenablement dressé. Or, on l'avouera, tout cela n'est pas toujours chose ni bien simple, ni bien pratique ; on n'a pas facilement à sa disposition un pareil matériel, surtout en voyage. Pêcher des Nayades en grande eau est donc bien souvent une opération délicate, parfois même pénible, toujours dispendieuse. Et pourtant, combien de nos Lamellibranches ne peuvent être obtenus que dans ces conditions ! Voilà, à notre avis, une des principales raisons pour lesquelles nos catalogues sont souvent si pauvres en fait d'indications relatives à cette partie de notre faune; ce n'est pas parce que les espèces sont plus ou moins bien distinctes, mais uniquement par suite de la difficulté que les naturalistes éprouvent pour se procurer des matériaux d'étude suffisants. Si nous sommes arrivé, après de longues et persévérantes recherches, à pouvoir combler en partie cette vaste lacune dans nos dernières publications, c'est grâce surtout au bienveillant et généreux concours de nombreux collaborateurs qui ont bien voulu nous apporter, d'un peu partout, le résultat de leurs recherches individuelles. Il est, pour nous, bien évident que si Linné, Draparnaud, Michaud, l'abbé Dupuy, avaient eu en main pareille somme de matériaux, ils eussent fait en leur temps, pour les Nayades de France, ce que des circonstances plus favorables nous ont permis de faire après eux.

Dans ces conditions, on comprend sans peine combien de milieux aquatiques sont encore restés inexplorés ; or, comme ces milieux sont souvent isolés, qu'ils n'ont point de communication directe avec les milieux similaires voisins, il y a de grandes chances pour que leur faune ait un cachet particulier procédant de la nature même de ces milieux, et susceptible, dès lors, de donner naissance à des formes particulières. Combien de lacs, de marais ou d'étangs n'ont pas été encore sondés! et quoique parfois assez voisins les uns des autres, ils sont bien loin de renfermer les mêmes espèces; tel est par exemple le cas des lacs de Genève, du Bourget et d'Annecy, ou de la plupart des lacs de la Suisse. Nous sommes donc bien en droit de déclarer que la faune des eaux douces est bien moins connue que la faune terrestre, et qu'une étude plus approfondie de cette faune nous fera sans doute encore connaître bon nombre d'espèces qui jusqu'alors avaient pu échapper à des investigations par trop limitées.

Ainsi donc, on peut affirmer aujourd'hui que la faune des eaux douces et saumâtres, surtout celle des Acéphales, quoique répartie dans un plus petit nombre de genres que la faune terrestre, est néanmoins représentée par un plus grand nombre d'espèces tout aussi exactement définies, ayant la même valeur et pouvant comporter les mêmes variétés. C'est là un point tout nouveau sur lequel nous aurons à revenir pour essayer de l'interpréter et même de le justifier.

Faune marine. — Comme on a pu le voir par ce qui précède, ce sont surtout des auteurs français qui les premiers ont fait connaître les éléments, non seulement de notre faune, mais encore de la faune européenne terrestre et des eaux douces. C'est qu'en effet nombre de pays qui nous environnent ont une faune malacologique, sinon absolument identique à la nôtre, du moins relativement similaire.

Au contraire, c'est de l'étranger, et principalement de l'Angleterre et de la Sicile que nous sont venues les connaissances fondamentales de notre faune marine. Pendant longtemps, les ouvrage de Poli (1) et de Philippi (2) ont servi presque exclusivement à déterminer nos formes méditerranéennes, tandis que, pour l'Océan et la Manche, nous avions recours aux livres de Brown (3), de Forbes et Hanley (4), de Sowerby (5) et de Jeffreys (6). Jusqu'à ces dernières années, nous n'avions aucun ouvrage français nous permettant de déterminer, d'étudier et de comparer les espèces qui vivent sur nos côtes. Nous venons de combler cette lacune (7).

A la vérité, il existait bien sur cette branche de l'histoire

(1) Poli (Joseph-Xavier), *Testacea utriusque Siciliæ, corumque historia et anatome tabulis æneis illustrata*. Parmæ. 1791 à 1827, 3 vol. gr. in-fol., avec 57 pl.

(2) Philippi (R.-A.), *Enumeratio molluscorum Siciliæ, tum viventium, tum tellure tertiaria fossilium, quæ in itinere suo observavit auctor*, in-4, t. 1, Berolini, 1836, avec 12 pl.; t. II. Hallis, 1844, avec 16 pl..

(3) Brown (Th.). *Illustrations of the recent conchology of Great Britain and Ireland*, Edinburg, 1827, 1 vol. in-4, avec 57 pl.; 2e édit., London, 1844.

(4) Forbes (E.) et Hanley (C.). *History of British Mollusca, and their Shells*, London, 1855, 4 vol. in-8, avec 202 pl.

(5) Sowerby (G.-B.). *Illustrated index of British Shells, containig figures of all the recent species*, London, 1 vol. in-4, avec 24 pl.

(6) Jeffreys (J.-C.), *British conchology, or an account of the Mollusca which non inhabit the British isle and the surronding seas*, London, 1865-1869, 5 vol. in-8, avec 147 pl.

(7) Locard (A.), *Prodrome de malacologie française, Catalogue général des*

naturelle de notre pays des catalogues généraux, malheureusement bien incomplets (1), ou des catalogues locaux plus détaillés (2), ainsi que des monographies partielles, mais il n'y avait aucun traité général à opposer à ceux de Moquin-Tandon et de l'abbé Dupuy, relatifs à l'ensemble de la faune marine.

Quoi qu'il en soit, la faune marine des côtes de France est aujourd'hui tout aussi bien connue que la faune terrestre. Nous disons la faune des côtes, et par là nous entendons parler de toutes les espèces qui vivent jusqu'à 100 ou 120 mètres de profondeur. Certes, si le naturaliste était condamné à aller recueillir lui-même toutes ces espèces en place, là où elles vivent, que de difficultés n'aurait-il pas à rencontrer! Mais la mer elle-même se charge de lui venir en aide; après chaque grande marée, à la fin des grosses tempêtes, les courants et les vagues ramènent, souvent avec soin, la plus grande partie de nos coquilles; sur le rivage, sur le sable, le naturaliste trouve déjà toute une faunule aussi riche que variée et renfermant une foule de petites espèces; il n'a qu'à se baisser pour les ramasser. Les pêcheurs avec leurs filets rapportent au jour les grandes formes arrachées à leur fonds. Enfin, sans prétendre atteindre les abîmes, le naturaliste, avec un assez modeste outillage, pourra draguer lui-même et se procurer bien des matériaux de la zone dite corallienne. Depuis nombre d'années, nos côtes de la Manche, de l'Océan et de la Méditerranée ont été explorées avec un égal succès; aussi pouvons-nous

Mollusques vivants de France, Mollusques marins, Paris, Lyon, 1886, 1 vol. gr. in-8.

— *Les coquilles marines des côtes de France, Description des familles, genres et espèces*, avec 338 fig. intercalées dans le texte, Paris, 1892, 1 vol. gr. in-8.

(1) Petit de la Saussaye (S.), *Catalogue des Mollusques marins qui vivent sur les côtes de France*, in *Journal de conchyliologie*, t. II, III, IV, VI et VIII.

(2) Citons dans cet ordre d'idées le bel ouvrage de MM. E. Bucquoy, Ph. Dautzenberg et G. Dollfus, *Les Mollusques marins du Roussillon*, en cours de publication, accompagné d'un atlas de photographies.

affirmer que notre faune côtière marine est déjà très complètement connue.

Mais, nous le savons maintenant, la vie malacologique s'étend bien au delà des limites étroites dont nous venons de parler. Les expéditions américaines du *Corwin* (1867), du *Bibb* (1868-69), du *Blake* (1877-78), les expéditions anglaises du *Ligthning* (1868), du *Porcupine* (1869-70), du *Challenger* (1875-76), du *Valorous* (1875), les scandinaves de la *Joséphine* (1869), du *Vöringen* (1876), enfin celles exécutées bien tardivement en France par le *Travailleur* (1880), ont démontré que la profondeur des mers pouvait atteindre 7 ou 8000 mètres. Les naturalistes à bord du *Porcupine* ont rapporté de 4500 mètres des Dentales, des Nœrées, des Syndesmies, des Dacrydiums, des Peignes vivants. D'après les dragages opérés par le *Porcupine*, le *Valorous* et le *Challenger*, entre 3000 et 5300 mètres, on n'a pas moins trouvé de 42 espèces réparties en 24 genres différents. On comprend combien cette faune des abîmes est encore inconnue, et combien d'années s'écouleront sans doute avant que l'on parvienne à connaître cette faune aussi bien que nous connaissons celle des milieux plus accessibles.

Les naturalistes, sans être définitivement d'accord sur les détails, ont divisé ces 7 ou 8000 mètres habitables en plusieurs zones ; chacune a son facies propre, sa faune caractéristique. Dans notre ouvrage sur la faune marine des côtes de France, ne voulant pas aller au delà du bien connu, nous avons admis les divisions suivantes : 1° une *zone littorale*, correspondant au niveau plus ou moins superficiel du balancement des marées, niveau qui varie dans d'assez larges limites du nord au sud ; 2° sous le nom de *zone herbacée*, nous avons compris ces vastes prairies sous-marines allant jusqu'à 27 ou 28 mètres de profondeur, où croissent, suivant les milieux, des Laminaires, des Zostères, des Posidonies ; 3° de 28 à 72 ou 75 mètres s'étendra la *zone corallienne*, caractérisée par la présence d'Algues incrustantes, Corallines et Nullipores, plus particulièrement abondantes à ce niveau. Au delà viennent les grands fonds et les abîmes.

On peut se demander pourquoi les malacologistes n'ont pas admis, pour la faune terrestre, des limites aussi précises. Elle aussi, suivant les pays, s'élève parfois à de grandes altitudes, de telle sorte que l'on peut dire que les Mollusques vivent sur une étendue en hauteur de plus de 12.000 mètres, correspondant à la plus grande différence de niveau entre les points extrêmes de la croûte terrestre. Mais, pour les Mollusques marins, ces limites, au moins pour le système européen, sont très restreintes, à un ou deux mètres près; bon nombre d'espèces vivent très exactement dans ces limites, sans essayer de les dépasser; au contraire, à 100 ou 200 mètres près, il est peu de Mollusques terrestres qui ne s'acclimatent, même assez facilement, dans le milieu voisin. On ne peut donc pas assigner à la faune terrestre des limites en altitude aussi précises qu'à la faune marine.

Laissant de côté la faune encore mal ou très imparfaitement connue des fonds d'au delà d'une centaine de mètres, nous constaterons que dans ces limites mieux définies on peut signaler un total minimum de 1470 espèces, réparties en 315 genres différents; ce total comprend, comme nous l'avons fait pour les Mollusques terrestres, non seulement des animaux testacés, mais encore les Mollusques nus, c'est-à-dire privés de coquille. En outre, nous avons maintenu, parmi les Mollusques, les quelques Brachiopodes que l'on peut observer sur nos côtes, quoique certains naturalistes préfèrent les rapprocher des Bryozoaires. Dans ce total, nous compterons 1202 Mollusques testacés. Nous pouvons dire, pour fixer provisoirement les idées, qu'actuellement le nombre des espèces connues propres à la faune des abîmes voisins des côtes de France ne dépasse pas une cinquantaine ; mais on peut affirmer que chaque dragage nouveau apporte son contingent d'observations nouvelles, et qu'en somme cette faune intéressante est aujourd'hui à peine connue.

Nous aurons occasion de discuter plus loin ces résultats. Bornons-nous uniquement, pour le moment, à constater la richesse de la faune marine, quoique restreinte, comme nous venons de le voir, à d'assez faibles limites, par rapport à la faune terrestre et à celle des eaux douces.

Faune fossile. — L'histoire des Mollusques fossiles est encore dans l'enfance ; cette science, de création toute récente, a subi de singulières fluctuations. Tour à tour mise en avant et déclarée comme indispensable pour l'étude de la géologie, ou laissée de côté comme inutile, plus que toute autre elle a été soumise aux caprices de la mode, suivant le bon ou le mauvais vouloir de quelques grands pontifs de l'enseignement supérieur. Le maître était-il stratigraphe, la paléontologie était abandonnée ou tout au moins restreinte aux plus étroites, aux plus strictes limites ; était-il zoologiste, la paléontologie revenait alors en faveur et reprenait sa place dans l'enseignement. Que de fois ne nous est-il pas arrivé, dans des congrès, dans des excursions scientifiques, de voir combien peu la plupart des professeurs eux-mêmes, étaient en état de donner des noms aux fossiles les plus caractéristiques des strates qu'ils avaient sous les yeux, du moment qu'il s'agissait d'une forme sortant de leur enseignement classique !

Il faut bien l'avouer, depuis d'Orbigny, ce Draparnaud de la paléontologie, cette science a fait d'immenses progrès ; l'étude complète de la paléontologie exige plus de travail encore que toute la zoologie vivante, puisqu'elle embrasse, non pas comme elle une seule époque, mais bien une longue série d'époques durant lesquelles la faune entière s'est plusieurs fois renouvelée. Il est donc à présent très difficile d'être un paléontologue un peu complet.

Or, puisqu'aujourd'hui l'étude de la zoologie vivante entraîne nécessairement une division du travail, à plus forte raison devrons-nous trouver en paléontologie encore plus de spécialistes qu'en zoologie proprement dite. Actuellement la paléontologie malacologique est totalement insuffisante; nous avons bien quelques bonnes monographies de genres ou de familles éparses, quelques catalogues locaux exacts et assez complets, mais aucune étude d'ensemble sur la faune française fossile n'a été publiée depuis le Prodrome de d'Orbigny (1); or ce Prodrome, avec les découvertes faites depuis sa publication, a certainement au moins triplé d'importance. Nous devons donc très humblement avouer le profond embarras que nous éprouvons, lorsque nous voulons essayer de comparer notre faune française actuelle avec d'autres faunes fossiles locales ou étrangères. C'est tout une étude nouvelle à entreprendre. Espérons qu'elle trouvera bientôt son nouveau maître.

Il n'en est pas moins certain que notre faune locale entière procède de la faune quaternaire qui l'a précédée, et que celle-ci tient, à son tour, d'une autre faune plus ancienne. Ces grands enchaînements dans les faunes successives sont aujourd'hui parfaitement démontrés. Déjà M. Albert Gaudry, avec sa grande compétence et toute son autorité, l'a parfaitement fait ressortir pour les Mammifères vivants et fossiles (2). Il conviendrait de suivre ce bel exemple et de montrer ces mêmes enchaînements chez tous les autres êtres de la nature. Si quelques essais, dans cet ordre d'idées, ont été tentés pour les Mollusques, ils sont encore bien incomplets. Et pourtant ces enchaî-

(1) D'Orbigny (Alcide), *Prodrome de paléontologie stratigraphique universelle des animaux, Mollusques et Rayonnés*, Paris, 1850, 3 vol. in-12.

(2) Gaudry (Albert), *Les enchaînements du monde animal dans les temps géologiques*, Paris, 1878-1890, 3 vol. gr. in-8, avec fig.

nements sont absolument incontestables. Quelques exemples en feront ressortir l'intérêt.

Les Gastropodes sont évidemment d'origine bien ancienne. Ils apparaissent dès l'époque cambrienne; parmi les genres paléozoïques, nous observons déjà les Pleurotomaires qui vont donner naissance à un certain nombre de genres dérivant d'un ou de plusieurs types primitifs et se transmettre à travers les âges jusqu'à nous. Parmi les Mollusques terrestres, les genres *Pupa* et *Zonites*, sont fort anciens; dans les dépôts houillers de la Nouvelle-Écosse, il existe un *Pupa venusta* d'où doivent dériver les formes relativement peu différentes qui lui ont succédé; dans le *Zonites priscus* des terrains houillers d'Amérique, on peut voir la forme ancestrale de tous les Hélicidés qui ne commencent réellement à se développer qu'à l'époque éocène, pour atteindre aujourd'hui leur maximum d'extension. Les Gastropodes des eaux douces remontent au moins jusqu'au Lias; à cette époque, il existait de véritables Limnées à spire courte, à dernier tour gros et renflé; avec le Purbeckien, la Limnée s'enroule en sens inverse et donne naissance aux Physes. Les Lamellibranches n'ont pris naissance qu'après les Gastropodes, les premiers avaient une charnière excessivement simple, qui s'est modifiée petit à petit.

Mais la faune actuelle, en tant qu'espèces, est déjà, du moins pour quelques-unes d'entre elles, bien vieille. Bon nombre de nos espèces: *Succinea putris*, *S. oblonga*, *Hyalinia cristallina*, *Helix pulchella*, *H. hispida*, *H. lapicida*, *H. arbustorum*, *Pupa muscorum*, *Planorbis complanatus*, *Pl. corneus*, *Limnæa peregra*, *L. palustris*, *Bythinia tentaculata*, *Valvata piscinalis*, *etc.*, ou tout au moins des formes extrêmement voisines, puisque bon nombre de naturalistes les confondent, remontent jusqu'au Pliocène, au Red-crag et au Norvich-crag d'Angleterre. D'autres moins anciennes, mais aussi plus nombreuses, ne se montrent qu'aux horizons du Forest-bed ou des sables de Mosbach d'Autriche, d'Allemagne et de Suisse, ou simplement aux Tufs de Cannstadt du Wurtemberg. C'est dans ces horizons que nous irons rechercher les formes ancestrales les plus proches parentes de notre faune française actuelle (1).

Enfin, pour les coquilles marines, les derniers travaux accomplis durant les expéditions des dragages, sur les grands fonds de l'Océan et de la Méditerranée, ont amené les découvertes de formes incontestablement très anciennes, crétacées ou au moins jurassiques ; il semble que pour ces milieux ténébreux le monde n'ait pas marché aussi vite qu'à la surface du globe. Là aussi, les paléontologistes auront à puiser de nombreux documents d'étude pour la comparaison du passé et du présent, mais seuls les zoologistes ont encore su profiter de ces intéressantes et bien curieuses découvertes.

Nous n'irons pas plus loin dans cet aperçu très sommaire de l'histoire de nos formes actuelles; par le peu que nous venons de dire, on comprendra sans doute tout l'intérêt qu'il y aurait à suivre plus en détail cette longue histoire. Abandonnons donc ce domaine encore si malheureusement incomplet de la paléontologie, pour arriver à la comparaison de nos trois faunes vivantes.

COMPARAISON DES TROIS FAUNES ACTUELLES

Ces premières données étant établies, voyons quelles conclusions on peut en déduire. La faune terrestre, celle des eaux douces et celle des eaux salées ont bien chacune leur autonomie,

(1) Dans notre *Étude sur les variations malacologiques*, t. II, p. 194 à 233, nous avons fait la généalogie des espèces actuelles, qui vivent dans le bassin du Rhône.

elles sont toutes les trois bien distinctes, et pourtant il existe entre elles certains points communs utiles à relever, relativement aux enchaînements malacologiques.

Enchaînements dans les milieux. — Les trois faunes, terrestre, des eaux douces et salées, quoique, au fond, absolument distinctes, n'en présentent pas moins des formes de passage. Il existe, par exemple, des Mollusques terrestres qui ne peuvent vivre loin des milieux aquatiques. Les Succinées représentées dans la faune terrestre par quarante-deux espèces, vivent toujours sur des plantes poussant dans l'eau ou au bord de l'eau ; pourtant, au point de vue anatomique, elles sont constituées de manière à pouvoir vivre exclusivement hors de cet élément ; si quelques espèces de ce genre s'éloignent un peu des cours d'eau, ce sont toujours les plus petites, tandis que les plus grosses sont, au contraire, celles qui se rapprochent le plus du milieu aquatique. Quoique Draparnaud ait qualifié une de ces formes du nom d'*amphibia*, aucune Succinée n'est amphibie ; plongées dans l'eau, on les voit bientôt obligées de sortir du liquide pour venir respirer à l'air, mais, comme les Limnées, elles peuvent nager à la surface de l'eau et s'y maintenir quelques instants en se tenant renversées.

Inversement, parmi les Mollusques des eaux douces, nous trouverons des espèces qui peuvent vivre un certain temps sur la terre, au loin même de leur élément. Müller a signalé, le premier, le *Limnæa peregra* sur des troncs de tilleuls, à plus de cent pas des eaux. Les *Limnæa palustris*, *peregra*, *fusca*, *limbata*, *truncatula*, *etc.*, sont dans le même cas. La plupart des Gastropodes qui vivent dans les eaux douces, même ceux qui sont privés d'opercule, peuvent impunément passer une partie de leur existence, terrés dans la vase presque desséchée, lorsque l'eau vient à leur manquer. Nous avons recueilli des *Limnæa peregra* dans une vase argileuse bien sèche à la surface, à peine humide au fond, et qui avaient ainsi passé plusieurs mois en dehors de l'eau, hivernant en quelque sorte en plein été.

Le passage des Mollusques des eaux douces aux Mollusques marins est tout indiqué par la faune saumâtre que nous avons rangée, pour les besoins de la classification, avec celle des eaux douces. Il résulte, de faits bien connus, que des Mollusques des eaux douces peuvent, jusqu'à un certain point, s'accoutumer dans les eaux saumâtres, et réciproquement, des Mollusques marins peuvent se développer dans des eaux bien plus douces que celles où ils vivent normalement. On connaît les expériences faites en 1816, par Beudant (1), expériences qui n'ont jamais été reprises sur une aussi vaste échelle. Après avoir récolté un nombre suffisant d'individus appartenant à neuf genres différents de Mollusques des eaux douces, il en fait deux lots égaux, l'un destiné à ses expériences, l'autre placé dans un aquarium rempli d'eau de Seine. Puis il ajoute progressivement du sel dans l'eau du second aquarium et arrive, petit à petit, à acclimater dans l'eau salée des Mollusques faits pour vivre en eau douce : « J'ai d'abord rempli les vases d'eau dans laquelle j'avais fait dissoudre un grain de sel par litre, c'est-à-dire environ 0,0011 (ce qui n'était pas sensible au nitrate d'argent). J'ai employé ces eaux pendant plusieurs jours, en les renouvelant souvent ; j'ai ensuite augmenté la quantité de sel, d'abord d'un grain tous les deux jours, puis d'un grain tous les jours, et enfin de trois grains par jour. Par toutes ces additions successives, le liquide s'est trouvé, à la fin de septembre (les expériences avaient commencé le 1er mai), renfermer 0,04 de sel. En procédant de cette manière, j'ai complètement habitué la plupart des Mollusques de nos eaux douces à vivre dans l'eau

(1) Beudant, Mémoire sur la possibilité de faire vivre des Mollusques fluviatiles dans les eaux salées et des Mollusques marins dans les eaux douces, considérés sous le rapport de la Géologie. Paris, 1816, *in Journal de physique*, t. LXXXIII, p. 268.

salée où ils ne présentaient plus aucune apparence de malaise ; plusieurs mêmes s'y sont accouplés, mais à la vérité, dans un temps où le liquide renfermait beaucoup moins de sel qu'au mois de septembre. Pour mettre une certaine exactitude dans l'expérience, j'ai noté soigneusement la quantité d'individus de chaque espèce, qui sont morts, d'une part dans l'eau douce, d'autre part dans l'eau salée. » D'après ces expériences, il résulte que, au 15 octobre, c'est-à-dire après une épreuve de 168 jours, dont 17 jours dans une eau salée à 0,04, ce sont surtout les Ancyles, les Paludines, les Limnées, les Physes et les Planorbes qui ont le mieux résisté à un pareil traitement ; les Unios, les Anodontes et une partie des Sphæries n'ont pu survivre, puisque 38 ou 31 jours avant la fin des expériences, il ne restait plus ni Unio, ni Anodonte.

Beudant réalisa plus tard, à Marseille, l'expérience inverse. Il soumit des animaux marins à l'influence d'un milieu où la quantité d'eau douce augmentait graduellement, de telle manière qu'au bout de plusieurs mois l'eau de mer fut entièrement devenue douce. Il constata que les *Patella vulgaris*, *Purpura lapillina*, *Cardium edule*, *Ostrea edulis* et *Mytilus edulis*, tous animaux de la zone littorale, supportaient parfaitement le séjour d'un pareil milieu, et n'y présentaient pas une mortalité beaucoup plus grande que dans l'eau de mer. Pas un seul Mytile ne périt durant l'expérience, mais, en revanche, des espèces habituées à vivre dans des zones plus profondes, telles que *Haliotis tuberculata*, *Buccinum undatum*, *Tellina incarnata*, *Pecten varius*, *etc.*, ne purent supporter un changement de nature de l'eau.

De tels faits expérimentaux sont pleinement d'accord avec ce qui se passe dans la nature ; de part et d'autre, ce sont surtout les Gastropodes qui peuvent vivre le plus aisément dans les eaux saumâtres ; les Lamellibranches d'eau douce, du moins pour la plupart, ne paraissent pas constitués de façon à pouvoir supporter un degré de salure relativement même assez léger.

Ce sont surtout des petites *Paludinidées* comme les Amnicoles, les Paludestrines, les Péringies, etc., toute dérivées d'un type ancestral des eaux douces de la famille des Bythinies, qui constituent la très majeure partie de la faune des eaux saumâtres.

On trouve cependant des Anodontes et des Unios vivant dans des eaux peu salées, il est vrai, au bord de la mer. Le fait avait été cité par de Blainville (1) ; M. H. Drouët l'a confirmé (2) en indiquant l'*Anodonta piscinalis* ou, plus probablement, une forme voisine, vivant dans les eaux du lac-mer de Haarlem, en Hollande. Nous avons vu, en Corse, l'*Unio Turtoni* vivre à l'embouchure de la Solenzara, là où les eaux ont déjà une saveur parfaitement marquée. Rappelons aussi que dans les eaux saumâtres du lac Tibériade, notre savant ami, M. le docteur Lortet, a pêché toute une faune très variée d'Unios, de Corbicules, de Mélanopsis et de Théodoxies dont nous avons donné la description (3).

Les Lamellibranches normalement marins peuvent, mieux encore que les Lamellibranches des eaux douces, s'acclimater dans des milieux de salure très différents. Ainsi, par exemple, et pour ne parler que de nos mers d'Europe, dans l'Océan Atlantique, la teneur en sel varie de 34 à 38 pour 1000 ; dans la Méditerranée, où l'évaporation est notablement plus grande et n'est pas suffisamment compensée par les apports des cours d'eaux, le degré de salinité s'élève jusqu'à 38 en moyenne et atteint même 43 dans la mer Rouge. Dans la Baltique, au contraire, là où l'évaporation est beaucoup plus faible et où les

(1) De Blainville. *Manuel de malacologie*. Paris, 1825, p. 17.

(2) Drouët (H.). *Revue et magasin de zoologie*. Paris, 1852, août, p. 6, note.

(3) Locard (A.). *Malacologie des Lacs de Tibériade, d'Antioche et d'Homs*. *in* Archives du Muséum de Lyon, t. III. Lyon, 1883, 1 vol. in-4, avec pl.

apports des eaux douces sont très nombreux, il descend jusqu'à 5 pour 1000 seulement. Malgré cela, nous trouvons dans toutes ces eaux des espèces marines, et parmi elles la Moule et l'Huître qui s'acclimatent, vivent et se reproduisent dans de pareils milieux. Les ostréiculteurs et mytiliculteurs savent parfaitement que pour avoir de beaux et bons produits, il convient toujours d'installer les centres d'élevage dans des milieux marins tempérés par l'apport d'une certaine quantité d'eau douce. Les meilleurs élevages, les bancs les plus productifs, sont tous établis au voisinage des cours d'eau qui se jettent dans la mer (1).

Les Mollusques marins brusquement transportés dans l'eau douce, périssent rapidement, et réciproquement, lorsque l'on met des Mollusques d'eau douce dans l'eau de mer, il ne tardent pas à mourir. Mais par une acclimatation lente et progressive, on arrive à faire supporter aux Mollusques marins une assez forte proportion d'eau douce, comme aux Mollusques aquatiques une bonne dose d'eau salée.

Pour terminer, nous ferons observer que tous les Mollusques marins ne se prêtent pas aussi volontiers à ces sortes de jeux. Ce sont surtout les espèces purement littorales, comme les Littorines, les Patelles, les Huîtres, les Moules, etc., qui peuvent le plus impunément résister à ces variations dans la nature des milieux; au contraire, les espèces ou les genres qui vivent normalement dans la zone herbacée ou dans la zone corrallienne périssent bien vite, lorsqu'on les change de milieu. Cela s'explique parfaitement ; en effet, les Mollusques de la zone littorale sont tous accoutumés à une assez grande variation dans la composition chimique des eaux, composition qui se modifie en quelque sorte à toute heure, tandis que, au contraire, les animaux habitant des zones plus pro-

(1) Locard (A.), *Les Huîtres et les Mollusques comestibles*, Paris, 1 vol. in-8, p. 285.

fondes, sont dans des milieux de nature infiniment plus fixe, modifiés uniquement par des courants contre lesquels ils ont bien soin de s'abriter.

En résumé, il existe un véritable enchaînement, une réelle continuité dans la série des Mollusques appelés à vivre dans l'air, dans l'eau douce et dans l'eau salée, puisque nous voyons un certain nombre d'entre eux, passer impunément d'un milieu dans un autre.

Enchaînement des formes. — Rien n'est plus polymorphe que les Mollusques; les uns sont complètement nus, sans la moindre substance testacée; les autres ont une coquille simplement rudimentaire; d'autres ont une coquille qui est tantôt univalve, tantôt bivalve, tantôt multivalve. Et cependant, malgré des manières d'être ainsi différentes, il est facile de suivre la succession progressive de ces divers états, passant du plus simple au plus complexe. L'étude complète sur l'enchaînement des Mollusques, nécessiterait à lui seul un gros volume; déjà M. Albert Gaudry, dans son œuvre magistrale *Des enchaînements du monde animal dans les temps géologiques*, en a entrepris l'histoire, nous ne voulons point marcher sur ses brisées; laissant donc de côté le monde fossile dont il démontre si bien l'enchaînement des formes, nous dirons seulement quelques mots des Mollusques vivants, pour montrer que tous ces types si variés, si multiples se relient les uns aux autres encore aujourd'hui, comme ils se sont enchaînés dans les temps passés.

La coquille est incontestablement la partie essentielle du Mollusque, elle seule survit après sa mort; de son galbe, de son allure dépendront la manière d'être de l'animal et réciproquement; à part de très rares exceptions, le Mollusque ne peut être séparé impunément de sa demeure; elle fait partie intégrante de son être. Examinons donc le développement de cette coquille chez tous les Mollusques, pour en suivre le merveilleux enchaînement, depuis la forme la plus essentiellement rudimentaire, jusqu'aux formes multiples et éminemment complexes.

Il existe dans la faune terrestre comme dans la faune marine des Mollusques complètement nus, chez lesquels la coquille est réduite à l'état de simples granulations internes, comme chez les Arions, ou de spicules comme chez les *Goniodoris* et nombre de Nudibranches ; voici la base de la longue échelle que nous allons parcourir. Chez les Limaciens nous allons trouver un véritable rudiment de coquille interne, testacée, simplement ovalaire, sans trace de spire. Chez les Aplysies, cette coquille interne, réduite à l'état de mince lamelle concave, commence à se courber à peine; chez les Doridiums elle est formée d'une fragile pellicule, terminée en arrière par un petit nucleus vaguement spiré ; c'est le commencement de la spire enroulée; en effet, avec les Pleurobranches, cette même coquille interne commence à se tordre, devient plus solide, se développe davantage, tandis que chez les Philinées elle s'enroulera de plus en plus, deviendra nettement spirale, tout en restant encore cachée dans le corps de l'animal qui la porte et dont elle protège, en partie du moins, les organes les plus délicats.

Franchissons un échelon, la coquille univalve va devenir externe. Chez les Mollusques terrestres, avec les Parmacelles, c'est encore une forme intermédiaire, en partie interne, subovalaire et non spirale, en partie externe et subspirale. Avec les Testacelles, la coquille devient complètement externe, mais elle est encore toute petite, montrant à peine un commencement de spire. Nouveau progrès chez les Vitrines; la coquille, quoique plus mince et plus fragile, dessine cependant une spire bien nette, mais elle est dans son ensemble encore si petite qu'elle ne peut abriter qu'une faible partie de l'animal. Cette forme va s'allonger, s'enrouler encore davantage et être assez spacieuse pour pouvoir contenir, dans de bien justes limites, l est vrai, l'individu qui la porte. C'est seulement avec les Zonites et les Hyalinies que cette coquille enfin complètement enroulée va pouvoir enfermer entièrement dans son intérieur le Mollusque qui l'a sécrétée; avec les Hédices, le test de la coquille deviendra plus épais, plus solide, et lors des rigueurs des mauvais jours, le Mollusque pourra se retirer tout à son aise, plus ou moins profondément, au fond de sa demeure.

Mais l'animal veut se clore; chez les Hélix, il se contente, suivant les espèces, de sécréter une porte volante, épiphragme ou opercule; chez les Clausilies, l'ouverture de la coquille se ferme avec une petite plaque calcaire, pédiculée et mobile, adhérente à l'animal, nommée *clausilium*. Enfin, avec les Cyclostomes et les Vivipares, le Mollusque porte, fixé à son pied, une pièce accessoire d'un autre genre, appelée opercule et qui servira également à clore hermétiquement son ouverture.

Les coquilles marines univalves nous offriront le même enchaînement que les coquilles terrestres. Les Patelles ont une coquille discoïde, peu haute, avec un sommet simple, presque central; ce sommet devient plus élevé chez les Emarginules, commence à se courber avec les Haliotis et les Capulus, et s'enroule de plus en plus en affectant les formes les plus variées, les plus différentes, depuis les Scissurelles, les Circulus, les Adlorbis, à spire surbaissée et peu enroulée, jusqu'aux Fusus, aux Cérithes, aux Turritelles, aux Neptunies, dont la spire allongée compte jusqu'à 12 ou 15 tours. Bon nombre de ces Gastropodes marins ont, comme les Mollusques des eaux douces, un opercule qui sert à clore la coquille. Cet opercule existe même à l'état rudimentaire chez les larves de plusieurs Nudibranches et Opisthobranches qui plus tard en sont privés, lorqu'ils arrivent à l'état adulte.

Même loi d'enchaînement chez les Céphalopodes. Le Poulpe, l'Elédone sont privés de toute coquille interne ou externe. Le Calmar porte à l'intérieur, en guise de coquille, une simple lame cornée *(Gladius)* en forme de plume droite, pointue à ses extrémités ; l'Omatostrèphe a déjà l'extrémité de sa plume qui se recourbe sous forme d'un petit cône creux ; chez la Seiche, le gladius se solidifie, prend plus de consistance, devient plus solide et son extrémité se termine en arrière par un rostre plus ou moins développé, tout à fait comparable à celui de la Bélemnite. Ici l'intervention des formes fossiles paraît nécessaire pour bien démontrer l'enchaînement morphologique des êtres, car il nous faut franchir dans le monde vivant une assez longue étape pour arriver à la coquille externe et bien plus complexe du Nautile, ce dernier représentant de tout un monde passé de la grande famille des Céphalopodes enroulés.

Jusqu'à présent, nous n'avons encore parlé que des Mollusques univalves. Mais comme Adanson et après lui Gray l'avaient fait observer, malgré la différence des rapports anatomiques qui existent entre la coquille d'un Gastropode et son opercule calcaire, ne peut-on pas, à la rigueur, considérer ces êtres comme de vrais bivalves (1). L'Aptychus des Ammonites, des Goniotites et des Scaphites ne joue-t-il pas, lui aussi, le rôle d'opercule? Mais voici un autre chaînon bien étrange entre les univalves et les bivalves. Les Dentales dont la place dans l'échelle des êtres a singulièrement embarrassé jadis les naturalistes, présentent cette particularité qu'à l'état adulte ils sont absolument univalves, tandis qu'à l'état embryonnaire ce sont de vrais bivalves. On a dû en faire une classe à part, celle des Scaphopodes.

« Les rapports et les différences des Scaphopodes avec les autres Mollusques, dit M. le Dr Fischer, sont très intéressants

(1) Déjà Bonanni et Plancus avaient fait la même remarque; nous lisons dans J. Plancus : *Hæ Neritulæ operculum habent, quod dum per Littus reptant suam extremitate carnea gerunt, quocum captæ se in domum suam recipiunt, et clauduntur. Quare ut optime notavit Bonannius, Conchylia omnia bivalvia dici possunt.* (Jani Planci Ariminensis de Conchis minus notis liber Venetiis, 1739, p. 27.

à étudier, et justifient la création d'une classe particulière. Laissant de côté les Céphalopodes dont la structure et l'embryogénie sont si distinctes, on remarquera que les Scaphopodes présentent des caractères propres, les uns sont Gastropodes, les autres sont Lamellibranches. Leur coquille univalve, leur radule évidente, leur glande génitale unique, indiquent des ressemblances avec les Gastropodes; tandis que l'absence de tête distincte, la disposition des palpes labiaux, la forme du pied, le vélum non lobé de l'embryon, démontrent leurs relations avec les Lamellibranches. Leurs embryons sont pourvus de plusieurs ceintures de cils comme ceux des Ptéropodes gymnosomes et leur tête n'est pas plus distincte que celle des Ptéropodes thécosomes (1). »

La vie embryonnaire des Mollusques va nous montrer de nouveaux chaînons entre les Gastropodes et les Lamellibranches. Plusieurs de ces derniers, et même parmi les plus communs, avant de devenir bivalves sont, à l'état embryonnaire, de véritables univalves. Tels sont par exemple les Huîtres. Chez la plupart des Lamellibranches, la coquille débute par une simple cuticule unique, sur les deux faces de laquelle se formeront plus tard, à un moment donné, chacune des valves. Mais bien souvent il arrive qu'en souvenir de cette disposition primitive, le dépôt ne se fait pas également de chaque côté de la cuticule primitive, et alors la coquille, tout en étant bivalve n'est point équivalve; tel est le cas d'un grand nombre de Mollusques qui ont une valve, généralement la valve inférieure, plus grande que l'autre et souvent aussi plus bombée; la valve supérieure plus petite, plus rudimentaire semble alors jouer le rôle d'un opercule; tel est le cas des grands *Pecten maximus* et *Jacobæus*, des Corbules, des Chames, des Huîtres, etc.

(1) Fischer (Paul), *Manuel de conchyliologie et de paléontologie conchyliologique*, Paris, 1886, p. 893.

Enfin, les coquilles multivalves vont encore nous servir de trait d'union entre les Gastropodes et les Lamellibranches, c'est-à-dire entre les univalves et les bivalves. Sous le nom de multivalves, les anciens naturalistes désignaient des Mollusques Gastropodes dont l'animal est recouvert par un certain nombre de coquilles ou mieux de valves de coquilles assemblées suivant un certain ordre parfaitement régulier. De Blainville en a fait les *Polyplaxiphora*, dans lesquelles il rangeait la grande famille des Chitons ou Oscabrions. Ces Mollusques, au point de vue anatomique, sont de véritables Gastropodes ; mais, même à l'état embryonnaire, ils sont déjà multivalves : « L'embryon ovoïde, dit M. le Dr P. Fischer, porte une couronne ciliée qui se sépare en deux hémisphères ; elle est insérée sur un double anneau équatorial de grosses cellules ; elle constitue le velum ; la surface dorsale postérieure au vélum donne naissance au manteau et se divise par six ou sept gouttières transverses en un même nombre de segments sur lesquels se montrent les valves ; il n'y a pas de fossette conchylienne ; la valve postérieure (huitième) apparaît beaucoup plus tard que les autres. Chaque valve est formée par trois îlots calcaires qui se soudent (1). »

Voilà donc des êtres qui, à l'inverse des autres sont déjà multivalves à l'état embryonnaire ; mais même encore à cet état, la huitième et dernière valve se forme bien après les autres et joue ainsi le rôle de la seconde valve des coquilles normalement bivalves. C'est là, on le voit, un véritable trait d'union entre tous nos Mollusques. Ces mêmes Chitons, une fois à l'état parfait, seront armés de leurs huit valves définitives enchâssées à leur extrémité dans une zone d'expansion coriacée recouverte d'écailles, de poils, ou d'autres productions épidermiques chitineuses. Dans une autre famille de Gastro-

(1) Fischer (Paul), *Manuel de conchyliologie*, p. 872.

podes, les Aplacophores, nous allons voir disparaître ces valves, mais il restera pour protéger le corps de l'animal un revêtement caractéristique formé de spicules analogues à celles qui recouvrent la zone d'expansion des Chitons ; ainsi armés, ils peuvent être considérés, dans ces parties, comme représentant une sorte de dégénérescence des parties ornementales de la coquille.

Mais chez les Lamellibranches les mieux définis, nous allons également retrouver d'autres Mollusques multivalves. Les Tarets, les Pholades, outre leurs deux valves symétriques, possèdent des pièces accessoires les unes paires, les autres impaires; chez le *Pholas dactylus* on observe six pièces distinctes, un métaplaxe, un mésoplaxe, et deux paires de protoplaxe, M. le professeur R. Dubois (1) a fait récemment l'étude de ces pièces accessoires et a reconnu qu'elles constituaient de véritables coquilles organisées à la manière des valves, et non comme de simples opercules. Il en est de même de la pièce accessoire unique du *Pholas candida* ou du tube du Taret que l'auteur considère comme une coquille. Mais il y a mieux encore, l'étude microscopique de la pièce accessoire du *Teredo Norvegica* va permettre à M. R. Dubois d'établir un rapprochement entre les Lamellibranches et les Céphalopodes. La manière d'être de cette pièce, dit notre auteur « rappelle, dans ses traits généraux, l'aspect d'une coupe transversale d'un rostre de Bélemnite, qui aurait été comprimé d'avant en arrière, et dont les couches se seraient écartées les unes des autres vers les bords latéraux, la couche axiale restant à peu près cylindrique. »

Au point de vue anatomique, il semble que tout un monde doit séparer les Céphalopodes et les Gastropodes qui ont une

(1) Dubois (D.-Raphaël), *Étude sur la nature des valves ou pièces accessoires des Pholadidæ, et sur l'importance que présente la connaissance de leur texture histologique au point de vue de la classification*, in Bulletin de la Société malacologique de France, t. VII, p. 349.

tête avec ses différents accessoires, des Acéphales ou Lamellibranches qui en sont complètement privés. Et pourtant, lorsque l'on étudie comparativement ces différents animaux, on arrive bien vite à constater que la dissemblance n'est point aussi grande qu'elle le semble au premier abord. Quoique privés de leur tête, les Acéphales, cela va sans dire, n'en sont pas moins pourvus d'une bouche située le plus souvent à la partie antérieure du corps; les organes des sens sont presque aussi développés que chez les autres Mollusques; ils ont même des yeux, mais non plus implantés sur des tentacules. Il est en effet aujourd'hui bien reconnu que les embryons des Mollusques sont pourvus d'yeux, même ceux qui, à l'état adulte, n'en possèdent pas. « Ces yeux, dit le Dr P. Fischer (1), bien pigmentés, relativement gros, innervés sur les ganglions cérébroïdes ou buccaux, sont nécessaires à des animaux errants, durant les premières phases de l'existence. » Mais plus tard, ils s'atrophieront suivant le *modus vivendi* de l'animal, qu'il soit Acéphale ou Gastropode, du moment qu'ils ne sont plus utiles à son existence, comme cela arrive chez les Gastropodes qui vivent sur terre dans les cavernes, ou qui s'enfouissent dans le sable de la mer.

Ainsi donc, il nous semble parfaitement démontré, que tout en nous en tenant simplement aux Mollusques actuellement vivants, il existe un enchaînement parfaitement manifeste entre les grandes divisions établies pour la classification de ces êtres. L'étude des formes fossiles ne ferait que resserrer encore les mailles de cette grande chaîne. Il nous serait facile de pousser plus loin ces exemples, et de montrer comment la nature passe des formes simples ou droites, aux formes plus complexes, à tours enroulés d'abord disjoints ensuite réunis; comment par exemple les Céphalopodes ont commencé par des

(1) Fischer (P.). *Manuel de conchyliologie*, p. 71.

formes à coquilles droites, s'enroulant comme les Hamites, puis comme les Ancylocères, les Macroscaphites, les Turrilites, ou comme les Criocères, pour arriver à la grande série des Ammonites. Mais pareil sujet, malgré tout son intérêt, nous entraînerait hors du cadre que nous nous sommes tracé. La loi de l'enchaînement des formes nous paraît suffisamment démontrée.

Répartition proportionnelle des genres et des espèces dans les différentes faunes. — Comme nous l'avons dit en commençant ce travail, nous nous sommes toujours efforcé, en étudiant chacune de nos trois faunes, terrestre, des eaux douces ou marines, de donner aux genres et aux espèces qu'elles renfermaient la même valeur, la même importance relative. Examinons, ceci étant bien établi, comment ces genres et ces espèces sont répartis dans chacune des trois faunes.

Dans la faune terrestre nous avons admis 36 genres pour 869 espèces ; dans la faune des eaux douces 32 genres pour 893 espèces, et dans la faune marine 315 genres pour un total de 1470 espèces. Constatons d'abord que le nombre des genres est beaucoup plus grand dans la faune marine que dans les deux autres faunes. C'est un fait dont nous aurons la démonstration à faire ; mais observons déjà que chez les Mollusques terrestres il n'y a que des Gastropodes, tandis que chez les Mollusques des eaux douces nous trouvons un mélange de Gastropodes et de Lamellibranches, et qu'enfin chez les Mollusques marins la faune est plus complète encore, puisque nous y voyons des Céphalopodes, des Ptéropodes, des Gastropodes, des Scaphopodes, des Lamellibranches et des Brachiopodes. La faune marine est donc, au point de vue morphologique, de beaucoup la plus complète.

Mais, tous ces différents genres sont loin d'avoir la même

valeur au point de vue du nombre d'espèces qu'ils renferment. Chez les Mollusques terrestres, à part le genre *Helix*, on peut dire que tous les autres genres renferment sensiblement le même nombre d'espèces, et ont par conséquent la même valeur, la même importance, à peu d'exceptions près. Mais le genre *Helix* se comporte tout autrement; par son abondance en individus, par la multiplicité des formes qu'il présente, par son extension et sa dispersion géographique, il est en quelque sorte la caractéristique de la faune terrestre; c'est un genre qui contient à lui seul un beaucoup plus grand nombre d'espèces que les autres, et cela aussi bien pour la faune française que pour tout le système malacologique. Il est vrai de dire que plus d'un naturaliste a essayé de sectionner, de diviser ce genre Helix en un certain nombre de genres de même valeur; nous avons bien admis les Zonites, les Hyalinies, les Arnouldies, les Leucocroas, mais il nous semble difficile, au moins pour la faune européenne, de trouver d'autres genres bien tranchés, bien définis dans le genre Helix.

Ces Helix, qu'ont-ils donc de si particulier qui en fasse un genre aussi polymorphe? Les uns sont autochtones, et vivent dans un area fort limité; toujours bien caractérisés, ils ne présentent, dans chaque groupe, qu'un nombre relativement restreint d'espèces. Les autres sont, au contraire, importées naturellement ou artificiellement, et ont eu à subir une influence plus ou moins considérable imputable aux milieux; partant, elles se sont modifiées plus ou moins profondément. Citons quelques exemples parmi les formes les plus connues. Voici notamment l'*Helix arbustorum* qui est considéré, à juste titre, comme tête de groupe. La forme ancestrale, celle du moins qui semble la plus ancienne, est très vraisemblablement le petit *Helix alpicola*, tel qu'on le trouve dans les hauts pâturages des chaînes de montagnes de l'Europe australe, et tel encore qu'il était à l'époque quaternaire. De ce type, au test solide, habité par un animal robuste, bien fait pour résister dans des milieux aussi rudes, sont issues un certain nombre de formes affines, vivant dans des milieux bien distincts, mais relativement localisés. M. le Dr G. Servain (1), pour tout le système européen, admet vingt-sept espèces, dont la moitié seulement vit en France, quoique le type ancestral parte surtout d'un centre français. Ce type primitif, quoique déjà bien ancien, n'a donc en somme donné naissance qu'à un nombre relativement petit d'espèces différentes.

Prenons au contraire le groupe des *variabiliana*. Ce sont des formes d'origine méridionale, et peut-être même pas françaises; mais quoi qu'il en soit, ces formes qui semblent se plaire surtout dans un voisinage relativement médiat de la mer, se sont propagées de manière à se répandre sur toutes nos côtes, jusqu'à l'embouchure de la Seine, remontant même les rives des grands cours d'eau jusqu'à Paris, Bordeaux, Toulouse et Lyon. Quoiqu'elles aient un area de dispersion bien plus considérable que les formes du groupe précédent, les différences que présentent entre elles les nombreuses espèces de ce groupe, sont souvent moins notables. Sous l'influence de milieux nouveaux elles se sont modifiées, mais ces modifications ont été moins profondes, moins radicales, moins complexes; en examinant une série d'espèces de ce groupe, on sent qu'elles ont toutes un même air de famille, et que dans l'ensemble des causes qui ont dû procéder à leurs modifications, il y avait une même cause dominante qui leur a infligé ce même cachet. Ainsi s'explique la présence de ces formes dans certains centres aussi éloignés et aussi différents au premier abord. Mais lorsqu'on analyse attentivement de tels milieux on voit qu'en somme ils ont, comme les coquilles que l'on y trouve, certains rapports frap-

(1) Servain (D.-Georges). *Des différentes formes spécifiques du groupe de l'Helix arbustorum*, in Bulletin de la Société malacologique de France, t. VI, p. 363.

pants de similitude; ils ont pu donner lieu à des modifications réelles, et ces modifications quoique peu profondes, sont néanmoins suffisantes pour faire différencier spécifiquement les types nouveaux des types anciens. C'est également dans de telles conditions que se sont formés certains grands groupes parmi les Hélices, comme ceux des Hispides, des Striées, des *variabiliana*, *etc.*, qui font si souvent le désespoir des malacologistes inexpérimentés.

Ainsi donc, les Hélix, par suite de leur *modus vivendi*, ont plus de tendance à se propager que les autres Gastropodes terrestres, et par conséquent ils sont soumis à une plus grande variabilité. De là ce polymorphisme forcé que nous observons dans cette famille, polymorphisme qui se manifestera d'autant plus qu'une forme donnée tendra à se multiplier et à se répandre davantage.

Chez les Mollusques des eaux douces, il existe, comme nous l'avons vu, un mélange de Gastropodes et de Lamellibranches; les Gastropodes nous présentent vingt-cinq genres, tandis que nous n'en constatons que sept chez les Lamellibranches. Cette différence si considérable est à noter, et nous ajouterons que ces mêmes Lamellibranches sont bien plus riches en espèces que tous les Gastropodes réunis. Ce sont donc eux qui caractérisent, du moins de nos jours, la faune de nos eaux douces. Les Gastropodes des eaux douces vivent de préférence dans les milieux tranquilles des lacs, des marais, des étangs ou des petits cours d'eau à courant très lent, et encore dans ce cas ont-ils pris soin de faire élection de domicile dans les coudes, dans les estuaires, là où le courant est le plus faible; tels sont les Limnées, les Physes, les Planorbes, etc. Les petites Paludinidées se plaisent surtout dans les sources; il leur faut des eaux fraîches, mais non courantes. Ce sont au contraire des Lamellibranches que nous allons trouver de préférence dans les cours d'eaux plus rapides; quoique pouvant vivre presque partout, les Anodontes et plus encore les Unios et surtout les Dreissenies seront les hôtes fidèles ou passagers des grandes eaux.

Que va-t-il, dès lors, se passer? Toutes les formes qui vivent dans les eaux tranquilles y resteront semblables à elles-mêmes, tant que les conditions biologiques, chimiques, physiques et mécaniques resteront les mêmes; et c'est précisément ce qui arrive la plupart du temps; rien ne sollicitera leurs modifications; une fois introduites dans ces milieux, les formes les plus robustes comme celles des Vivipares ou des Planorbes se modifieront peu; celles plus délicates des Limnées ou des petites Paludinidées seront plus nombreuses. Mais dans les eaux plus rapides les jeunes coquilles des Unios et des Anodontes seront facilement déplacées par l'action mécanique du courant; elles seront entraînées, et une forme donnée, au voisinage de la source d'un fleuve, pourra être transportée en peu de temps jusqu'à son embouchure, en passant par une série multiple de milieux variés dont elle aura à subir l'influence, si par suite d'une cause quelconque elle peut parvenir à s'y fixer. De là ce polymorphisme si juste et aussi si naturel que nous observons chez les grandes espèces de Lamellibranches.

Prenons par exemple les eaux du Rhône près de leur source et suivons-les jusqu'à leur débouché dans la Méditerranée; quelle succession de milieux variés ne trouverons nous pas dans un pareil parcours? des eaux tantôt froides ou tempérées, tantôt claires et limpides ou chargées de détritus de toutes sortes; combien elles seront différentes ces mêmes eaux, suivant qu'elles seront prises à la source ou puisées après avoir reçu des affluents aussi variables que l'Arve, l'Ain, la Saône ou l'Isère! A chaque myriamètre, le degré hydrotimétrique, la teneur en substances minérales ou organiques, la nature du fond, la rapidité du courant, sa profondeur, etc., ne sont-ils pas soumis à des variations? Il n'y aura donc rien de surprenant de voir une espèce donnée, à mesure que ses jeunes sujets seront entraînés de la source à l'embouchure, se modifier plus ou moins, toutes les fois qu'elle pourra faire souche le long de la route, dans des milieux aussi différents. Ces faits théoriques sont absolument corroborés par l'observation. Dans un même lac, on trouve presque partout, si toutefois les conditions d'habitat ne sont pas trop différentes, les mêmes espèces; dans un cours d'eau, au contraire, plus il est rapide, plus il est susceptible de pouvoir entraîner au loin ses hôtes, et plus on a de chance de trouver des formes différentes.

C'est ainsi qu'aujourd'hui nous comptons 208 espèces d'Unios et 250 espèces d'Anodontes rien qu'en France (1). Dans le Rhône, dont nous parlions tout à l'heure, on peut récolter le long de son cours une quinzaine d'espèces différentes appartenant à chacun de ces genres. Mais toutes ces espèces ne se prêtent point, cela va sans dire, à ce singulier jeu. Il en est de plus particulièrement robustes qui peuvent vivre dans des milieux assez dissemblables sans trop se modifier. Quel meilleur exemple pouvons-nous citer que le *Dreissensia polymorpha*, dont tout le monde aujourd'hui connaît l'histoire. Voilà une espèce que l'on trouve actuellement dans presque toute l'Europe, qui vit aussi bien dans les fleuves que dans les rivières ou les canaux, et qui en somme n'a donné naissance qu'à un petit nombre d'espèces.

Ce polymorphisme des Nayades est tel, que volontiers on serait porté à dire que chaque cours d'eau ou fraction de cours d'eau a sa faune particulière. Et pourtant, lorsque l'on compare la faune française avec celle d'Angleterre, d'Italie, d'Allemagne, d'Autriche, etc., on trouve un grand nombre d'espèces

(1) Sans tenir compte des Margaritanes et des Pseudanodontes qui sont du reste bien moins nombreux.

communes à ces différents pays; voilà par exemple l'*Unio pruinosus* de Carniole et de Carinthie, qui se retrouve en France, dans la Côte-d'Or et le Jura; l'*Unio Hamburgiensis* de l'Elbe, qui vit aussi dans la Loire et la Nièvre; l'*Unio Sequanicus* qui est commun à la Seine, à l'Ain, à l'Yonne et au Danube; l'*Anodonta Arnouldi* que l'on rencontre dans les lacs Morat et de Neuchâtel, dans le Weser et la Lesum, dans l'Elbe, en Lombardie, puis en France, dans les départements de la Seine-Inférieure, de la Loire-Inférieure, de la Nièvre, du Rhône, de l'Allier, de Vaucluse, du Gard, des Bouches-du-Rhône, etc. Que faut-il en conclure? C'est que ces espèces sont d'abord plus robustes, plus résistantes que leurs congénères, et qu'ensuite les milieux où on les observe sont nécessairement comparables dans leurs éléments constitutifs.

Pour bien fixer les idées sur les influences que les milieux peuvent exercer sur les Nayades, citons encore quelques exemples. Parmi les Unios, une des formes les plus connues, les mieux caractérisées, c'est incontestablement l'*Unio rhomboideus*. Nous le choisirons de préférence, quoique peu d'espèces présentent plus de variations dans leur galbe, dans leur allure; la démonstration n'en sera que plus concluante. Donc l'*Unio rhomboideus*, si commun dans tous nos cours d'eau, peut déjà présenter, dans une même colonie, un grand nombre de variétés *ex forma* et même *ex colore*. Il se plaît de préférence dans des eaux vives et courantes. Transportons-le dans des eaux plus calmes, comme celles du lac du Bourget ou du lac d'Annecy, dans les eaux de la Marne, ou dans quelques stations paisibles de la Saône ou de la Seine, son galbe se modifiera totalement : ses sommets deviendront absolument antérieurs, son profil s'allongera, il deviendra parallélogrammique, aussi haut en avant qu'en arrière; c'est alors l'*Unio rathymus*. Qu'il passe dans les eaux des petits ruisseaux torrentueux des Hautes et Basses-Pyrénées, son bord supérieur deviendra plus arqué, tandis que son bord postérieur aura une troncature inférieure oblique qui modifiera complètement son allure; sa charnière ne sera plus la même, son épiderme aura un aspect différent; ce sera l'*Unio Bigorriensis*. Dans d'autres milieux, sa taille se réduira encore, son galbe changera de nouveau, et nous aurons les *Unio Astierianus*, *U. rotundatus* ou *U. Pacomei*.

Mais, dira-t-on, puisque les milieux ont une telle action sur les Mollusques, comment se fait-il que dans un milieu donné on trouve plusieurs espèces d'un même genre? C'est qu'alors chacune de ces espèces dérive d'un type différent qui s'est modifié à sa manière; il est bien certain que l'*Unio rhomboideus* type ne se modifiera pas de la même façon que l'*Unio Batavus* ou l'*Unio tumidus*. Mais, d'autre part, un même type donné pourra engendrer plusieurs espèces différentes; voici par exemple au sud d'Avignon, dans les délaissés du Rhône, des formes voisines mais bien distinctes, comme les *Anodonta episema*, *A. Avenionensis*, *A. subrhombea*, *A. Dantessantyi*. Il est à peu près évident que ces quatre formes dérivent d'un même type, probablement l'*A. subrhombea* qui est d'origine plus septentrionale; rien ne nous prouve que ces autres espèces se soient toutes formées au même point où nous les observons aujourd'hui. La forme primitive, le type ancestral, en se déplaçant, a d'abord donné lieu à une seconde forme; puis ensuite ont successivement pris naissance, dans d'autres milieux, une troisième, une quatrième et même d'autres formes affines; si donc, nous retrouvons ensemble plusieurs de ces formes dérivant d'un type unique, nous pouvons affirmer qu'elles ont pris successivement naissance dans d'autres milieux, avant de se trouver réunies sur un même point donné.

Quoi qu'il en soit, il reste pour nous bien démontré que c'est surtout dans la faune des eaux douces et plus particulièrement chez les Lamellibranches qu'existe le plus grand polymorphisme, et que ce polymorphisme, en dehors des causes physiologiques purement intrinsèques, doit être attribué à la nature même des milieux que ces Mollusques habitent. Toutes les fois qu'une action mécanique aussi active, aussi constante que celle qui résulte des mouvements des eaux dans les ruisseaux, rivières ou fleuves viendra à se manifester, les Mollusques ainsi déplacés, transportés dans des milieux nouveaux, tendront à se modifier davantage.

Enfin pour en finir avec la faune des eaux douces, il importe de faire observer que chez les Lamellibranches les caractères morphologiques sont toujours moins nettement définis que chez les Gastropodes. La moindre modification qui se produit dans l'allure d'une Hélice entraîne toute une série de modifications corrélatives dans le reste du test ; si la spire, par exemple, tend à s'allonger, la coquille sera plus haute, la suture plus oblique, le dernier tour plus tombant, le péristome plus incliné, l'ombilic plus étroit, etc. ; mais dans une coquille bivalve, une augmentation ou une diminution dans la hauteur de la coquille est bien loin d'entraîner d'aussi notables modifications dans le galbe de l'individu. Les modifications du test sont toujours plus difficiles à suivre chez les Lamellibranches que chez les Gastropodes, surtout si ce test est lisse, privé de toute ornementation qui peut encore, par sa diversité, guider le classificateur. En d'autres termes, il faut plus d'habitude, il faut surtout un coup d'œil plus exercé, lorsque l'on veut classer des Nayades, que lorsqu'il s'agit de différencier n'importe quelle famille de Gastropodes. Malgré cela, on arrive bien vite à saisir de telles différences chez les Lamellibranches qui vivent dans des milieux différents, que l'on n'hésite plus à distinguer des formes spécifiques tout aussi bien caractérisées chez les bivalves que chez les univalves.

La faune marine va présenter à peu près le même degré de fixité relative que la faune terrestre, quoique constituée par des éléments plus divers. Cette faune composée de Céphalopodes, de Ptéropodes, de Gastropodes, de Lamellibranches, de Brachiopodes, etc., renferme 315 genres ayant tous à peu près la même valeur, comme nombre d'espèces; quelques-uns cependant semblent faire exception. Dans cet ensemble, les Céphalopodes, les Ptéropodes, les Scaphopodes et les Brachiopodes sont de beaucoup les moins nombreux.

Le beau règne des Céphalopodes semble avoir fini avec le commencement de la période tertiaire; les Ptéropodes, bien qu'en petit nombre, n'ont jamais paru se développer beaucoup dans nos parages; les Brachiopodes, derniers débris d'un monde jadis beaucoup plus populeux, sont aujourd'hui relégués dans les zones profondes.

Restent donc les Gastropodes toujours extrêmement nombreux, dominant, comme quantité d'espèces, les Lamellibranches. Remarquons tout d'abord que si les Lamellibranches ont moins d'espèces que les Gastropodes, en revanche le nombre des individus dans chaque espèce est toujours bien plus grand. Lorsqu'on se promène sur une plage de la Manche ou de l'Océan, alors que la mer se retire, ou bien sur les bords de la Méditerranée après une grosse tempête, il est facile de voir que les débris des coquilles bivalves sont au moins aussi nombreux, sinon plus, que ceux des univalves. Certains Lamellibranches constituent de véritables bancs, comme les Huitres, les Moules, etc., ce qui n'a pas lieu pour les Gastropodes. Les grandes familles des Gastropodes, celles qui renferment le plus grand nombre de genres ne sont pas encore aussi populeuses que n'importe quelle famille des Lamellibranches. Sous ce rapport, nous observons donc les mêmes corrélations que chez les coquilles des eaux douces.

Mais les Mollusques marins sont répandus suivant des zones bien définies; ils ont un habitat plus précis, mieux caractérisé que les autres Mollusques; ils sont bien moins déplacés.

Quelle sera la proportion des genres et des espèces dans chacune de ces zones ?

Sommes-nous d'abord certains de connaître aussi bien la faune de nos trois zones ? la faune littorale qui est la plus à notre portée n'est-elle pas plus connue que la faune corallienne si difficilement accessible ? Non, ces trois faunes nous sont aujourd'hui tout aussi bien connues ; on ne trouve pas plus d'espèces nouvelles dans l'une que dans l'autre, du moment que l'on ne dépasse pas les limites que nous avons assignées à la faune corallienne. D'après ce que nous avons pu constater, la faune littorale est la plus riche en individus ; puis ce nombre d'individus va en décroissant à mesure que l'on s'avance en profondeur; la faune herbacée, est encore très populeuse; dans la zone corallienne les genres sont moins nombreux et encore moins populeux. En outre, c'est dans la faune littorale que nous trouvons les genres chez lesquels on observe le plus grand polymorphisme. Les Littorines, les Patelles, les Troques, les Tapès, les Moules, les Modioles qui offrent de si grandes variations, appartiennent tous à la faune littorale.

Pareil fait s'explique aisément, si l'on veut bien constater que c'est précisément dans cette zone que les Mollusques sont soumis à une plus grande variation dans l'allure des milieux. C'est là surtout que les eaux sont le plus modifiées dans leur composition chimique, qu'elles sont soumises à de plus puissantes actions mécaniques, qu'enfin les lois physiques peuvent encore mieux exercer sur elles leurs influences. Dans les grands fonds, il existe toujours beaucoup plus de fixité. Enfin dans la mer comme dans l'air, la faune diminue à mesure que l'on s'éloigne de plus en plus du niveau des plaines basses et des vallées terrestres, c'est-à-dire des niveaux supérieurs de la mer.

INFLUENCE DES MILIEUX

Tous les résultats que nous venons d'établir ont pour origine l'influence ou l'action que les milieux peuvent exercer sur les êtres. Ces influences peuvent avoir pour cause un effet physique, chimique, mécanique ou physiologique ; chacun d'eux agissant à sa manière, soit séparément, soit simultanément, soit enfin en se combinant entre eux. En outre, chacune de ces influences générales peut embrasser un certain nombre de catégories bien définies. Nous allons les passer successivement en revue et voir de quelle façon elles peuvent agir sur les Mollusques ; nous arriverons ainsi à expliquer et à motiver les faits que nous venons d'exposer.

INFLUENCES PHYSIQUES

Altitude. — Tous les Mollusques ne peuvent vivre impunément dans les mêmes milieux, à n'importe quelle altitude. Si certaines espèces sont assez robustes pour se plaire dans des conditions d'habitat parfois assez différentes, d'autres, au contraire, surtout lorsqu'il s'agit des Mollusques marins, exigent des conditions toutes particulières, qui font qu'elles sont toujours plus localisées, avec un aréa de dispersion beaucoup moins étendu.

En France, comme du reste à l'étranger, les Mollusques terrestres peuvent vivre à toutes les altitudes ; la question de pression barométrique ne paraît pas exercer une bien grande influence sur eux. Nous voyons, en effet, des Mollusques répandus à foison dans la région des plaines basses et des vallées, tandis qu'il en est d'autres qui se cantonnent presque jusqu'au voisinage des neiges éternelles, suivant en cela les limites extrêmes de la végétation. Là encore, on les trouve en colonies parfois très populeuses, pourvu qu'elles puissent, à un moment donné, s'abriter contre les rigueurs des intempéries par trop exaltées à de certains instants dans de tels horizons. Le Mollusque étant surtout herbivore, la moindre brindille végétale, le plus mince lichen lui suffira. Mais il va sans dire que bien peu d'espèces ont un aréa de dispersion aussi spécial.

Pourtant, bon nombre de formes sont communes aux différentes régions qu' on peut établir suivant l'altitude. Aussi, si nous admettons une première région ne comprenant que les plaines basses et les vallées, une seconde que nous désignerons sous le nom de submontagnarde, et une troisième exclusivement montagnarde, nous observerons que la faune montagnarde est environ égale au tiers de la faune des plaines basses et des vallées, tandis que celle-ci est presque égale au double de la faune submontagnarde.

Mais, si de l'espèce nous passons à l'individualité, nous constaterons sans peine que pour chaque espèce commune à une ou à deux de nos zones, le nombre des individus dans une colonie donnée va toujours en diminuant, à mesure que l'altitude augmente. Supposons une colonie d'*Helix nemoralis* vivant dans chaque zone, la colonie des plaines basses et des vallées sera toujours beaucoup plus populeuse que celle qui vit à 3 ou 500 mètres au-dessus, et, à son tour, cette nouvelle colonie sera plus riche en individus que celle qui s'élèvera au delà de 1.000 mètres d'altitude, toutes autres conditions d'ailleurs restant à peu près similaires dans l'habitat. On comprend, en effet, qu'à mesure que l'altitude augmente, les conditions biologiques deviennent de plus en plus difficiles, aussi bien pour le végétal que pour l'animal; il est dès lors tout naturel que le maximum de la faune soit concentré là où les conditions vitales sont les plus favorables au développement des êtres. On peut donc établir en principe que la faune terrestre peut tendre à descendre des hauteurs, mais qu'elle ne tend jamais à monter.

D'autre part, on observe certaines espèces exclusivement cantonnées à une altitude presque fixe. Voici, par exemple, les *Helix alpina* ou *Fontenilli*, qui vivent dans la région montagnarde du massif des Alpes ; comme l'*Helix arbustorum*, qui vit avec elles, elles peuvent, par une action mécanique, être entraînées plus bas que leur habitat normal, mais jamais elles n'y feront souche, ou du moins nous n'en avons vu aucun exemple. Quelle que soit la dispersion d'une espèce, nous pouvons dire que son habitat normal est le point où ses colonies prennent le plus de développement. Nous écrirons donc que l'habitat normal de l'*Helix nemoralis* est dans la zone la plus inférieure, puisque c'est là que ses colonies sont les plus populeuses, quoique nous les retrouvions à des altitudes bien supérieures.

Enfin, il est à observer que dans les stations élevées, les colonies sont toujours plus dispersées et plus éloignées les unes des autres ; elles rencontrent dans les montagnes des conditions d'habitat favorables plus rarement que dans les bas milieux ; ces derniers sont, en outre, plus abrités contre les intempéries, plus riches en substances alimentaires, plus favorables, en un mot, pour le développement et la reproduction. Ce sont là des faits que tout chasseur de Mollusques connaît bien.

Cette règle de la répartition des espèces suivant l'altitude est, bien entendu, subordonnée à la constitution orographique du sol et à la manière dont la végétation s'y développe. Nous avons dit que le plus grand nombre de Mollusques se développaient mieux dans les plaines basses que dans les régions montagnardes, mais si ces plaines sont par trop chaudes, par trop exposées aux ardeurs des rayons solaires, si le milieu y est entièrement livré à la culture, le Mollusque préférera franchir quelques mètres d'altitude pour aller chercher sur les coteaux mieux boisés l'ombre et la fraîcheur qui lui sont nécessaires.

Les influences dues au changement d'altitude sur le Mollusque sont assez nombreuses ; en général, la taille décroît avec l'altitude ; nous ne trouvons pas de grosses espèces dans les régions élevées ; en outre, la coloration pâlit, et l'épaisseur du test diminue. Ce sont là des faits faciles à constater.

Si nous comparons la nature du test des espèces qui vivent dans les plaines basses ou les vallées avec celle des plateaux élevés, nous observerons que les premières ont toujours leur test notablement plus épais et plus coloré que les secondes. La plupart des espèces s'élevant à plus de 1000 ou 1200 mètres sont de couleur pâle, presque blanche ; si elles ont encore quelques traces de coloration, celles-ci sont localisées au voisinage de l'ouverture. Au contraire, les espèces vivant au-dessus de 500 mètres ont toujours leur test plus chaudement coloré, et si elles sont ornées de bandes ou de flammes, celles-ci sont d'un plus vif éclat que l'ornementation des espèces des grandes altitudes. Le test est également tout différent et suit les mêmes lois. Dans la faune alpestre, en dehors des Arions et des Limaces, nous trouvons avec les grandes Campylées, des Hispides, des Vitrines, des Hyalinies, au test mince et fragile, à la taille toujours petite. Et si une espèce a des colonies communes dans des zones bien différentes, c'est toujours dans la zone la plus supérieure que nous trouverons les formes les plus petites, correspondant à des variétés *minor*.

De pareils faits s'expliquent aisément : une des conditions vitales indispensables à la conservation de l'être chez le Mollusque, c'est la présence d'une certaine quantité d'humidité dont il ne saurait se départir, sans être gravement compromis. Il ne redoutera pas les intempéries, pouvant jusqu'à un certain point s'abriter du froid ou de la chaleur, en se cachant ou s'enfouissant dans le sol; mais ce qu'il craint surtout, c'est toute cause possible d'évaporation de sa matière aqueuse. Si donc la coquille est solide, épaisse, colorée et opaque, elle laissera passer une moins grande quantité de rayons calorifiques, et le Mollusque conservera ainsi plus facilement cette somme de liquide indispensable à sa vitalité; dans les régions élevées il est moins exposé à de pareils inconvénients, dès lors sa coquille peut impunément être plus pâle, plus mince, plus transparente; mais si ce même Mollusque est appelé à descendre d'altitude, une modification dans l'allure de son test, deviendra nécessaire pour qu'il puisse s'adapter à ce nouveau milieu. Ainsi se justifient ces lourdes coquilles des pays chauds, avec leur test solide et épais, leurs riches couleurs, alors que les coquilles des pays tempérés sont d'allure plus modeste.

Un des effets du changement d'altitude pour les Mollusques, serait, suivant Récluz, un allongement de la spire. D'après cet observateur, l'*Helix pomatia*, par exemple, acquérerait une spire plus conique dans les montagnes de l'Auvergne que dans la plaine; de même, l'*Helix aspersa*, à mesure qu'il s'élève en altitude, dans le midi de l'Europe, prendrait une forme plus élancée. La raréfaction de l'air des montagnes serait la cause de pareils changements. Cette loi dont nous avons maintes fois contrôlé l'exactitude, n'est cependant pas absolument générale; elle ne s'applique qu'à certains cas particuliers.

Orographie. — Il existe une corrélation intime entre le régime orographique d'un pays et le développement des Mollusques. Il est bien certain que sur les plateaux secs, exposés à tous les vents, le Mollusque se plaira infiniment moins que dans les milieux ombragés, frais, un peu humides et abrités des vents. Tout le monde sait très bien que sur les plateaux si riches mais si dénudés de la Brie et de la Beauce, les Mollusques sont rares et vivent mal, tandis qu'au contraire, avec les premiers contreforts un peu boisés de toutes nos montagnes calcaires, ils abondent au grand chagrin des jardiniers et des cultivateurs.

Nous observons que la plupart des espèces qui peuvent vivre dans les lieux secs et arides sont toujours de taille plus petite que celles qui se plaisent dans les endroits humides. Nous en avons la preuve dans les Succinées, les Hélices, les Bulimes, etc. ; ce ne sont que les petites Succinées, *S. arenaria*, *S. oblonga*, *etc.*, les petits Helix du groupe des Striées et de l'*Unifasciata*, les Chondrus qui peuvent résister dans les milieux un peu secs. En outre, les années de sécheresse sont absolument néfastes pour les Mollusques terrestres; n'osant pas sortir, ils s'enfouissent dans le sol, laissant passer le temps des amours, au détriment de la fécondité de la race. Si au contraire le printemps a été pluvieux, on voit à l'automne une nombreuse progéniture qui, l'année suivante, sera à son tour, apte à se reproduire de nouveau.

Les météorologistes ont observé que dans un pays donné, les orages suivaient presque toujours la même direction, passant de préférence suivant certains alignements bien déterminés. Une carte des orages fort exactement tracée pour le département du Rhône, et dans laquelle la ligne qu'ils parcourent est d'autant plus sombre qu'il y a plus de chance pour que le fléau la suive, nous a permis de constater que ses lignes les plus teintées concordaient avec les régions les plus riches en Mollusques, de telle sorte qu'une carte des orages indique également les centres où les Mollusques terrestres sont les plus abondants. Cela n'a, du reste, rien de bien surprenant, puisque nous savons que c'est surtout après ces chaudes pluies orageuses que les Mollusques font plus volontiers leur sortie, et que c'est plus particulièrement à ce moment qu'ils se recherchent pour s'accoupler.

L'orographie jouera également son rôle au point de vue de la dispersion et de la répartition de toute la faune aquatique. Un torrent trop rapide, un lac trop exposé au froid, une côte plongeant trop rapidement dans la mer, sont évidemment de déplorables conditions d'habitat pour les Mollusques. Si les côtes de la Provence ont une faune aussi riche que variée, il n'en est plus de même lorsque l'on approche de la région niçoise; c'est que, là en effet le sol plonge rapidement dans la mer, et les coquillages ne peuvent trouver asile sur des pentes aussi raides et aussi dénudées. Dans les grands lacs nous observons les mêmes faits; les parties exposées au nord, celles qui sont trop abruptes ou qui reçoivent des apports irréguliers, sont toujours moins recherchées des Mollusques que les plages tranquilles et plus tempérées.

Vents. — Le vent est peut-être le plus redoutable ennemi des Mollusques. Jamais vous ne trouverez ces animaux dans les milieux exposés aux vents. Sur une montagne, les Mollusques vivent sur les flancs abrités, de préférence à la crête ou au plateau qui la surmonte. Sont-ils par hasard surpris par une brusque tempête, et pourtant on sait combien ils sont bons pronostiqueurs, bien vite ils rentrent dans leur coquilles, comme à l'approche du danger. C'est qu'alors, le vent, surtout le vent sec, agit sur eux à la manière de la chaleur en desséchant ce mucus qui les enveloppe et qui est indispensable à leur existence. Et en effet, absorbez ce mucus à l'aide d'un corps poreux ou un agent chimique, comme le tripoli, la cendre, le plâtre, le Mollusque ne tardera pas à périr. C'est là un fait que les jardiniers et les horticulteurs connaissent parfaitement; veulent-ils défendre de jeunes plantes contre l'invasion des Limaces ou des Escargots, ils répandent tout à l'entour une couronne de cendre ou simplement de fine poussière qui suffira pour arrêter le trop gourmand animal dans sa course.

Ainsi agit le vent, aussi le Mollusque fuira-t-il d'instinct tous les milieux qui y sont exposés.

Chez les Mollusques des eaux douces, nous observons encore les mêmes faits. La Limnée, la Physe ou le Planorbe qui flottent à la surface de l'eau ne se montrent pas lorsque la brise vient à souffler sur les lacs qu'ils habitent. En mer, lorsque le flot se retire, les rochers trop exposés aux vents seront privés de Mollusques, alors qu'au contraire ils seront abondants ans les antres et les anfractuosités plus abritées et plus tranquilles.

Mais d'autre part, le vent peut agir mécaniquement en transportant plus ou moins loin des feuilles ou des brindilles chargées d'œufs de Mollusques; mais c'est là un tout autre mode d'action que nous aurons à examiner plus loin.

Température. — De ce que l'on rencontre des Mollusques dans presque toutes les latitudes, partout où la vie animale est possible, il ne faudrait pas en conclure que la température est sans action sur eux. C'est au contraire un des facteurs qui exerce une influence des plus considérables sur leurs développement. Toutes choses égales d'ailleurs, vous ne transporterez pas impunément un Mollusque de France en Algérie et réciproquement, sans qu'il manifeste dans son allure de sérieuses modifications. Pour que le Mollusque puisse se développer normalement, il lui faut un certain équilibre de température sans lequel il ne saurait vivre. Nous savons déjà qu'il est réduit à hiverner pour éviter des froids trop longs et trop rigoureux, de même qu'il se cache et se terre l'été, redoutant un excès de chaleur que des pluies d'orage viennent cependant tempérer de temps à autre. Il est bien évident que si ces deux périodes, ou tout au moins l'une d'elles est par trop longue, son développement finira par en pâtir, et étant donné le peu de durée qu'il a à vivre, il ne lui restera plus assez de temps pour acquérir le même développement que s'il avait vécu dans un milieu normal. Ce fait est tel que si l'on élève un escargot en captivité, dans un laboratoire où la température n'atteint jamais les limites de chaud et de froid de la campagne, la vie du Mollusque sera presque doublée, sans que son développement soit cependant beaucoup plus exagéré.

La température a pour effet immédiat de limiter l'aréa d'extension géographique de certaines espèces, de même qu'elle préside à leur plus ou moins grande dispersion en altitude. Si elle est douce, tempérée, exempte de trop grands écarts, elle favorisera le développement des Mollusques, surtout si à ces qualités elle peut ajouter une certaine dose d'humidité; mais devient-elle trop rigoureuse dans un sens comme dans l'autre, elle ralentit et même peut arrêter leur développement. Telle espèce vivant normalement dans le nord de la France, deviendra bien plus grande si elle parvient à s'acclimater dans le Midi ou même en Algérie. Les *Helix aspersa*, *vermiculata*, *lactea*, *melanostoma*, *acuta*, *Leucochroa candidissima*, *Rumina decollata*, *Limnæa auricularia*, *Physa contorta*, *etc.*, qui vivent en même temps en France et en Algérie, peuvent varier, comme taille, dans une proportion qui va du simple au double, suivant la température moyenne des milieux.

Des *Leucochroa candidissima* d'Algérie dont la hauteur varie de 20 à 30 millimètres, élevés en France, n'avaient plus, au bout de la troisième génération que 10 à 12 millimètres. On est donc en droit de dire, au moins pour les Mollusques terrestres, que la température exalte la taille dans des proportions souvent considérables. Dans le système européen, à part les quelques espèces du groupe de l'*Helix pomatia*, nous n'avons rien à opposer à ces grandes et belles espèces d'Hélix, ces gros Bulimes, ces gigantesques Achatines des pays chauds ; et plus nous nous rapprochons du Nord, plus la taille générale de la faune tend à diminuer. Il en est de même pour la faune marine; dans nos pays nous sommes bien loin, à part les Pinna, d'avoir ces grandes et belles coquilles que l'on rencontre dans toutes les mers chaudes. C'est là une loi qui trouve son application en géologie, car d'après la taille des fossiles que l'on y rencontre, on est en droit de dire, toutes choses égales d'ailleurs, quelle pouvait être, par comparaison, la température des milieux qu'ils fréquentaient.

Il est à remarquer que certains Mollusques aquatiques ne redoutent pas une température presque anormale; mais dans ce cas là, ils ne sont jamais aussi gros que les formes voisines vivant dans des conditions plus régulières. Quelques-uns, parmi ceux de la faune européenne, peuvent vivre soit dans des eaux glacées, soit dans des eaux chaudes à 30 degrés. On peut affirmer que dans ces conditions, il en résulte presque toujours une modification dans l'allure. M. Brot a observé que des Limnées du groupe du *Limnæa auricularia* qui vivent dans les eaux froides des régions alpestres n'avaient souvent que 4 tours de spire au lieu de 5. Le *Limnæa peregra* suivant qu'il vit dans les eaux froides, souvent même couvertes de glaces dans ces mêmes régions, ou qu'il se rencontre dans les eaux chaudes des Vosges s'est modifié de manière à donner naissance aux *Limnæa frigida* et *L. thermalis*. L'*Ancylus simplex* peut vivre tantôt dans les eaux très froides des torrents des Alpes et des Vosges, tantôt dans les eaux bien plus chaudes des Pyrénées; dans ces deux milieux son galbe et son allure se modifient suffisamment pour que les deux types qui en résultent puissent très aisément se distinguer. Il en est de même encore du *Pisidium Casertanum* des sources d'Evaux dans la Creuse ou de Bagnères de Bigorre, dont l'abbé Dupuy a fait son *Pisidium thermale*, si bien caractérisé.

En général l'excès de chaleur chez les Mollusques aquatiques a pour principal effet de diminuer la taille, tout comme un excès de froid. Nous en citerons un exemple très concluant: aux portes même de Lyon, dans les bassins des jardins de Saint-Clair vit en abondance le *Limnæa vulgaris;* sa taille ne dépasse pas de 10 à 12 millimètres dans un sens ni dans l'autre. Dans un ruisseau rendant aux Rhône ces mêmes eaux, mais alors chauffées à 25 degrés à leur sortie d'une usine, nous retrouvons ces mêmes Limnées, absolument conformes comme galbe au type normal, mais n'ayant plus alors qu'une taille moitié moindre.

Parfois aussi, et il est bon de le noter, on peut trouver dans des stations fort éloignées, des formes presque identiques, vivant pourtant dans des milieux de température bien différente. C'est ainsi que M. H. Drouët (1) aurait trouvé dans une fontaine aux eaux froides à Mouy, dans l'Oise, une forme de Limnée absolument conforme à celle des eaux de Chaudes-Fontaines dans les Vosges; mais dans ce cas, il est probable que d'autres influences sont venues contrebalancer celles que la différence de température pouvait seule exercer. Il ne faut jamais perdre de vue que dans l'étude des milieux, les actions militantes sont bien rarement seules à agir, et que presque toujours elles se combinent de manière à opérer simultanément ou parallèlement.

En général, les Mollusques aquatiques recherchent peu les eaux froides ; quelques Limnées seules peuvent supporter ces basses températures. M. Bourguignat a signalé (2) comme vivant dans les eaux glacées, les espèces suivantes : *L. nivalis*, des lacs du Mont Viso et du col de Fenestre ; *L. Islandica* de Reikiavik et d'Ornendor-Fiord, en Islande ; *L. Thorshavnensis*, de Thorshavn, dans les îles Feroë ; *L. gissericola*, de Reikiavik ; *L. nubigena*, des sommets du Mont-Viso ; *L. Putoni*, des Vosges ; *L. Langsdorffi* de Saint-Martin-de-Lantosque.

(1) Drouët (H.). *Énumération des Mollusques terrestres et aquatiques de la France continentale*, Liège, 1855, 1 br. in-8, p. 47.

(2) Bourguignat. *Description de quelques espèces nouvelles de Mollusques terrestres et fluviatiles des environs de Saint-Martin-de-Lantosque (Alpes-Maritimes)*, Cannes, 1880, 1 br. in-8, p. 7.

Toutes ces espèces sont assez petites, leur test est souvent irrégulier; elles vivent en somme dans des conditions bien exceptionnelles qui justifient une semblable manière d'être; leur développement ne se fait que par intermittences, puisque d'après Semper (1), une forme voisine, la Limnée des étangs ne digère et n'assimile convenablement qu'à partir d'une température de + 14° à + 15°, température qui n'existe qu'exceptionnellement dans la plupart des stations que nous venons de signaler.

Tous les Mollusques aquatiques de nos pays sont loin de supporter de semblables températures à celles où vivent ces Limnées; les Planorbes, les Physes et même les Limnées du groupe du *L. auricularia* ou *L. stagnalis* ne peuvent s'habituer à de telles conditions. A l'égard des Vivipares dont la coquille est plus solide, mais dont l'animal est plus délicat, nous avons rapporté le fait suivant (2): ayant récolté dans les losnes voisines du Rhône, à Lyon, dans des eaux vaseuses, peu profondes, et par conséquent quelque peu faciles à chauffer, des *Vivipara fasciata*, nous nous proposions de les élever dans notre aquarium pour en suivre le singulier mode de génération. Quoique le fond de leur nouvel habitat fût aussi semblable que possible à celui qu'elles venaient de quitter, nous ne pûmes, à plusieurs reprises, parvenir à les élever; l'idée nous vint un jour que l'eau qui alimentait notre aquarium et qui était également de l'eau du Rhône, était trop froide; après l'avoir élevée à une température plus douce, il nous fût désormais facile de conserver ces trop délicats Mollusques.

Cependant on a vu des Mollusques supporter même la glace. M. Joly (3) a signalé des *Anodonta cygnæa* et *Paludina vivipara* qui auraient résisté à la congélation. Mais il est à

(1) Fredericq (Léon). *La lutte pour l'existence chez les animaux marins*, Paris, 1 vol. in-16, p. 72.

(2) Locard (A.). *Études sur les variations malacologiques*, II, p. 430.

(3) Joly. *Les Annales des sciences naturelles*, Paris, 1845, t. III, p. 3[illegible].

remarquer que ces deux animaux peuvent se clore hermétiquement dans l'intérieur de leur coquille, et par conséquent conserver durant un certain temps une partie de leur eau d'imbibition, ce qui n'arrive ni aux Limnées, ni aux Physes, ni aux Planorbes; il est bien certain que si cette eau venait à son tour à se congeler, les chairs de l'animal qui serait dans le voisinage ne sauraient y résister.

Les Mollusques terrestres peuvent supporter également de très grands froids, mais à la condition qu'ils soient clos, et qu'ils soient pris durant la période d'hivernation. « Emile Jung, dit M. Léon Frédéricq (1), a montré récemment que l'Escargot des vignes peut supporter pendant plus de quatre jours les froids artificiels les plus intenses que nous sachions produire (— 130°, froid obtenu par l'évaporation de l'acide carbonique), à condition que l'on opère pendant le sommeil hivernal, sans réveiller l'animal et sans altérer son diaphragme. Les tissus de l'Escargot ne sont pas détériorés par la congélation, si celle-ci n'est pas brusque, et si l'animal a été lentement réchauffé. » D'après cela, nos jardiniers ne seraient plus en droit de compter sur les rigueurs de l'hiver pour les débarrasser au printemps de ces animaux qui parfois font tant de dégâts dans leurs jardins. Ce n'est pas l'excès du froid qui peut les délivrer de ce fléau, mais bien sa prolongation au delà des limites ordinaires.

En effet, c'est le degré de la température qui sollicite le Mollusque à tomber dans son état léthargique et à s'y maintenir plus ou moins longtemps. Or, comme la durée de cet état a nécessairement une influence marquée sur son développement et sur sa reproduction, on comprend l'importance du rôle que joue un pareil agent sur la faune malacologique. Gaspard a observé (2) qu'une température de + 20° à + 25° Réaumur en

(1) Fredericq (Léon). *La lutte pour l'existence chez les animaux marins*, p. 71.
(2) Gaspard. In Magendie, 1822, *Journal de physiologie*, t. II, p. 295.

hiver et de + 39° en été avait pour effet d'engourdir le Mollusque en agissant sur la respiration. C'est donc probablement à ces limites que le Mollusque se dispose à hiverner, et tant que la température se maintiendra dans ces limites extrêmes et au delà, ses fonctions seront nécessairement ralenties.

Les Mollusques marins sont également soumis à cette influence de la température. Jadis on admettait une température uniforme de + 4° centigrades, correspondant au maximum de densité de l'eau douce, pour nos océans. Les travaux opérés lors des grands dragages ont démontré que la mer était loin d'avoir une température aussi uniforme, aussi constante; à la surface, elle suit l'allure des milieux atmosphériques ambiants; sa température peut s'élever jusqu'à + 30° centigrades dans les régions les plus chaudes du globe, tandis qu'elle se congèle dans les régions froides, notamment au voisinage du pôle. Sur nos côtes, sa température ne dépasse pas + 18° à + 20° en été, et jamais elle ne gèle en hiver. Mais la direction des courants qui s'établissent régulièrement dans la mer, viennent encore exercer une grande influence sur sa température, même à sa surface. Ces courants qui, dans l'océan Atlantique, amènent vers le sud les eaux froides, et les glaces flottantes des régions polaires septentrionales, abaissent notablement la température sur les côtes des États-Unis, dans le voisinage de Terre-Neuve, tandis que les côtes océaniques de France, d'Angleterre et d'Irlande, jouissent au contraire, en hiver, d'une température plus douce que ne le comporte leur latitude, grâce au courant d'eau tiède du Gulfstream; c'est pour cette raison que la mer ne gèle pas sur nos côtes, alors que les cours d'eaux qui viennent s'y déverser sont, non loin de là, couverts de glaçons.

De ces faits vont découler plusieurs conséquences. La première c'est que, puisque au voisinage de l'Océan la température est constamment plus douce sur les côtes que vers le centre de la France, toute une faunule terrestre participant de la faune méridionale va pouvoir s'y développer à son aise; ainsi s'explique cette acclimatation de nombre d'espèces du groupe des *Variabiliana* qui, passant des bords de la Méditerranée, remontent sur nos côtes le long de l'Océan jusque dans la Manche; ainsi s'explique encore la présence aux environs de Quimper du bel *Helix Quimperiana* d'origine absolument méridionale.

Une autre conséquence, c'est que la faune marine habitant un peu au-dessous du niveau du balancement des marées pourra se développer bien mieux, sans avoir rien à redouter des fléaux destructeurs imputés aux excès de température qui menacent la faune de surface; et comme au-dessous de 6 à 8 mètres de profondeur l'action mécanique des vagues devient insensiblement nulle, nos Mollusques pourront s'y propager en toute sécurité, et sans subir de modification; de là une richesse exceptionnelle de la faune à ce niveau, moins de régularité pour tout ce qui se développe au-dessus et plus de constance encore pour tout ce qui croît au-dessous.

Les Mollusques marins de la zone littorale, ceux surtout qui ne peuvent émigrer plus profondément, auront, bien plus que les autres, à redouter les inconvénients du froid et de la chaleur. « Du 11 au 12 juillet 1869, dit M. le Dr P. Fischer (1), les pertes éprouvées par les parqueurs d'Huîtres du bassin d'Arcachon ont été évaluées de 1.600.000 à 2 millions de francs; les parcs du Gouvernement auraient perdu une valeur de 300.000 francs; les Crassats ont été tellement échauffés que les Anguilles qui n'ont pu gagner les eaux profondes ont succombé. » Inversement, les ostréiculteurs de la Gironde ont conservé le triste souvenir des effets produits par les rigueurs de l'hiver 1867 à 1868. Citons encore un exemple. En 1819, on découvrit près des îles de la Zélande un banc d'Huîtres des

(1) Fischer. *Faune conchyliologique marine du département de la Gironde*, Bordeaux, 1873, 1 vol. br. in-8. p. 165.

plus importants; pendant une année il alimenta les Pays-Bas avec une telle abondance que le prix des Huîtres était tombé à 1 franc le 100; malheureusement ce banc était situé à une trop faible profondeur pour être suffisamment abrité contre les intempéries du climat; pendant le rigoureux hiver de 1820 il fut complètement détruit (1).

Si nous descendons en profondeur dans la mer, nous trouverons une température qui variera suivant la nature des milieux extérieurs. Dans les mers intérieures, comme la mer Caspienne ou la Méditerranée, la température des couches profondes n'est plus en rapport avec la température moyenne du milieu ambiant extérieur. On a trouvé une moyenne de + 13° dans tous les sondages exécutés au-dessous de 1000 mètres par le *Travailleur* dans la Méditerranée; aussi rien d'étonnant à ce que la faune, dans de pareils milieux, soit riche et variée, tant que la pression ne devient pas trop considérable. A même profondeur, la température sera moindre dans une mer libre, comme l'Océan; aussi la faune, sera-t-elle déjà moins riche. Dans les mers glaciales, mais au-dessous du niveau que les glaces peuvent atteindre, la faune est encore abondante, quoique pourtant déjà le nombre des genres soit plus restreint; et néanmoins dans ces milieux la température moyenne des couches sous-marines n'est plus que de + 1°,16. Comme compensation, Mobius prétend que les animaux qui vivent au fond de la mer glaciale sont en général plus vigoureux, plus actifs que les individus appartenant aux mêmes espèces et qui habitent des milieux plus tempérés.

Il ressort de ces faits, que pour les Mollusques marins, il n'est pas nécessaire qu'ils soient soumis à une trop haute température pour bien vivre et se bien développer. L'essentiel pour eux c'est que la température soit aussi constante que possible; c'est

(1) Locard. *Les Huîtres et les Mollusques comestibles*, Paris, 1890, 1 vol. in-12, p. 292.

là une condition physique qu'ils rencontrent bien plus facilement que les Mollusques terrestres ou des eaux douces. De là cette régularité, cette sorte de fixité dans leur allure qui fait au contraire défaut chez les Mollusques terrestres, et encore plus souvent chez les Mollusques des eaux douces. De là encore cette absence presque complète d'anomalies que nous avons à signaler chez les Mollusques marins. Ce sont eux, en somme, qui vivent dans les milieux les plus fixes, et qui partant, bénéficient le plus de cette même fixité.

En général, c'est une température modérée qui convient le mieux aux Mollusques; l'excès de chaud ou de froid les porte à l'engourdissement, à moins que la chaleur ne soit tempérée par une quantité d'humidité suffisante. Dans les pays où la température ne subit pas de trop grands écarts, la coquille n'atteint qu'exceptionnellement une épaisseur anormale; mais sous les latitudes trop chaudes, l'animal a nécessairement besoin d'être mieux protégé contre les ardeurs solaires; il sécrète alors une coquille plus épaisse et reçoit une robe plus brillante et plus chaudement colorée, toutes conditions plus spécialement propices pour le garantir de la chaleur. Dans nos pays, nous voyons les coquilles les plus sombres et les plus ternes, avec un test relativement mince dans les centres couverts, humides, généralement froids, tandis qu'au contraire à mesure que nous descendons dans le midi, là où les Mollusques sont parfois exposés à des rayons de chaleur déjà bien ardents, la coloration des coquilles appartenant aux mêmes genres devient plus claire, en même temps que le test est notablement plus épais.

Hygrométrie. — Par sa propre constitution, le Mollusque appelle nécessairement l'humidité. C'est après les pluies d'orage, ces pluies chaudes et électriques, que nous le voyons sortir de sa retraite, faire ses meilleurs et plus abondants repas, avant de chercher dans le nombre le compagnon de ses amours. Le Mollusque qui aura hiverné durant plusieurs mois ou qui aura longtemps séjourné au fond de quelque bocal du laboratoire, aussitôt plongé dans l'eau, semblera renaître à la vie, et s'il s'agit d'un Gastropode terrestre, une fois suffisamment imbibé de cette eau bienfaisante et salutaire, on le verra circuler sur les parois du vase comme sous l'impulsion d'une force nouvelle.

Les Mollusques sont, en effet, de véritables hygromètres; ils sont même susceptibles d'absorber une quantité d'eau qui est peu en rapport avec leur organisation. « Les Mollusques émergés sont très actifs, très agités pendant les premières heures d'expérience. Aprés six heures d'immersion, ils deviennent immobiles; leur corps est gonflé, la coloration des téguments est moins foncée. Après douze heures, l'immobilité est complète, la sensibilité a disparu, le gonflemént du corps est très considérable, la verge fait saillie à l'extérieur, le corps a un aspect gélatineux, œdématié. Enfin, après vingt-quatre heures, l'augmentation de volume du corps est assez considérable pour faire éclater la coquille (Succinées) (1). » Le Mollusque terrestre pouvant ainsi vivre dans l'eau durant un certain nombre d'heures sans être asphyxié, l'eau pourra lui servir de véhicule et l'entraîner, à un moment donné, loin de sa colonie pour faire souche nouvelle.

Certaines espèces ne peuvent se développer que dans des milieux particulièrement humides; tels sont, parmi les Pulmonidés terrestres, toutes les espèces à test mince, corné, comme les Hyalinies, les Arnouldies, les Hélices des groupes des *H hispida, cornea, etc.* C'est également pour cette même raison que les Succinées restent au voisinage des eaux. Tous ces Mollusques ont, en général, le test recouvert d'un mince épiderme, et s'ils sécrètent un épiphragme, il est membraneux et non pas calcaire.

(1) Fischer. *In Journal de conchyliologie*, Paris, 1861, t. IX, p. 103.

Les jeunes sujets ont encore plus besoin d'humidité que les vieux. On comprend, en effet, que leur coquille plus mince les garantit moins bien des inconvénients de l'évaporation. Après la pluie, ce sont toujours les jeunes individus que l'on voit sortir les premiers de leur retraite, grimpant le long des tiges, courant à travers la mousse, rampant sur les lichens ou les détritus végétaux de toute sorte; ils semblent avides des premières gouttes d'eau qui tombent. Ce n'est qu'après des pluies plus longues que les adultes et surtout les vieux suivent l'exemple donné par la jeunesse. C'est l'humidité du matin, sous forme d'une bienfaisante rosée, plus encore que la fraîcheur, qui sollicite les Mollusques à venir au jour. Enfin, c'est surtout après les pluies chaudes qu'ont lieu de préférence les accouplements.

Une trop grande sécheresse est non seulement nuisible à l'animal lui-même, mais elle peut occasionner une modification très sensible dans la manière d'être de sa coquille. M. G. Coutagne (1) a observé que dans les forêts de la Sainte-Beaume, en Provence, l'*Helix nemoralis* n'avait souvent que 4 tours de spire quoique la coquille elle-même soit assez grande. « On conçoit aisément, dit cet auteur, que cet ensemble de caractères ait pris naissance dans une station tantôt chaude et humide, c'est-à-dire éminemment favorable à un vigoureux développement, tantôt et le plus souvent complètement sèche, comme dans tout le reste de la Provence, ce qui impose aux Mollusques de longs repos pendant lesquels le développement est arrêté. »

Les variations hygrométriques exercent encore une influence notable sur la durée du temps qui s'écoule entre la ponte et l'éclosion des œufs, aussi bien que sur le développement du

(1) Coutagne (Georges). *De la variabilité de l'espèce chez les Mollusques terrestres et d'eau douce, in Association française pour l'avancement des sciences*. La Rochelle, 1882, p. 511.

Mollusque. Bouchard-Chantereaux a observé (1) que des œufs pondus dans les mois de mai ou de juin éclosent ordinairement du quinzième au vingtième jour après la ponte, tandis que d'autres appartenant à la même espèce, mais alors pondus en octobre ou novembre, mettent deux ou trois fois autant de temps avant d'éclore. Il en est de même de la croissance des jeunes individus. Ceux qui naissent avant la saison chaude se développeront plus rapidement que ceux qui viennent au monde à l'approche de l'hiver; mais, en outre, si dans une saison donnée, le temps est à la fois chaud et humide, l'accroissement se fera plus vite que s'il est sec ou froid. Nous avons vu des *Helix nemoralis* et *H. aspersa* croître de près de 10 millimètres en 15 jours par des temps qui leur étaient favorables, alors qu'avant ou après, avec des temps moins propices, cette croissance se trouvait notablement ralentie; cela s'explique en observant que c'est par les temps humides, pluvieux, que le Mollusque mange, tandis qu'il jeûne lorsque la saison est sèche ou froide.

Tous les agriculteurs ont observé qu'il y avait des années où les Mollusques abondaient, tandis que d'autres années ils semblaient faire presque défaut. Tout alors dépend de la durée de la saison d'hiver et du plus ou moins de sécheresse du reste de l'année. Ainsi, lorsque à un hiver trop long succède un été chaud et sec, les Mollusques deviennent rares l'année suivante; si, au contraire, à un hiver normal succède une saison pluvieuse, les Mollusques abonderont, à la satisfaction des amateurs d'Escargots, mais au détriment de nos agriculteurs.

Lumière. — L'action de la lumière est assez analogue à celle de la température. Bien souvent, ces deux actions agissent simultanément et combinent leurs effets. C'est ainsi que, dans

(1) Bouchard-Chantereaux. *Sur les mœurs des Mollusques*, in *Annales des sciences naturelles*, Paris, 1834, 2e série, t. XI, p. 307.

les pays chauds, où la lumière est plus intense, les Mollusques, comme nous l'avons déjà dit, ont un test plus épais et plus coloré. Nous ne croyons pas qu'il ait été fait d'expériences directes relatives à l'action que la lumière peut exercer sur le développement de la matière pigmentaire qui donne aux coquilles ces belles couleurs; mais nous constatons que, à mesure que la lumière diminue d'intensité, la coloration des coquilles tend à s'atténuer. C'est ainsi, par exemple, que chez les coquilles marines bivalves qui vivent dans la zone où les rayons lumineux peuvent encore facilement parvenir jusqu'à elles, la valve située en dessous et, par conséquent, privée de lumière, est toujours plus pâle que la valve supérieure qui reçoit directement les rayons lumineux ; tel est le cas de la plupart des Peignes. Enfin, dans le nord, là où la lumière est moins intense que dans le midi, l'ensemble de la faune est plus pâle, plus décoloré, et cela, non seulement pour la faune terrestre, mais encore pour la faune marine qui vit cependant, comme nous l'avons vu, dans des conditions toutes normales. On peut donc dire que la coloration des Mollusques est en raison directe de la somme de lumière qu'ils reçoivent.

On sait aujourd'hui que les divers rayons colorés de la lumière solaire ont une action particulière sur la nutrition des végétaux et sur le développement des animaux. M. Yung a fait à ce sujet des expériences fort curieuses sur les œufs du *Limnæa stagnalis*. Des œufs, aussitôt après leur fécondation, ont été placés dans des vases plongeant dans des solutions colorées ; toutes les autres conditions restant les mêmes, les œufs étaient éclairés par des rayons violets, bleus, verts, jaunes, rouges et blancs ; en outre, un récipient spécial fut tenu dans l'obscurité. Il résulte de ces expériences que la lumière violette active d'une matière très remarquable les animaux mis en expérience ; elle est bientôt suivie, sous ce rapport, par la lumière bleue, puis par la jaune et la blanche. Les lumières rouges et vertes paraissent nuisibles, en ce sens que l'on n'a jamais pu obtenir le développement complet des œufs sous ces couleurs. Enfin, l'obscurité, contrairement aux résultats obtenus par MM. Higginbotton et Mac Donnell, n'empêche pas le développement, mais a pour effet de le retarder. Il est bien certain, comme nous allons du reste le voir, que dans les abîmes de la mer, là où pas un rayon lumineux ne paraît pouvoir parvenir, la vie, néanmoins, est parfaitement manifeste.

D'après ces expériences, on comprend toute l'importance que peuvent avoir les milieux naturels, suivant qu'ils sont découverts ou ombragés ; les eaux si souvent masquées par des plantes vertes, comme les lentilles d'eau, par exemple, devront être moins favorables au développement des Mollusques que celles à travers lesquelles peuvent se jouer les rayons lumineux. Sans doute aussi, les eaux parfois si diversement colorées, pourront, elles aussi, avoir une influence dans le développement des Mollusques qui les habitent. Il est, du reste, un fait bien certain, c'est que parmi les Mollusques terrestres, tous ceux qui recherchent plus particulièrement les milieux couverts et ombragés, comme, par exemple, les Testacelles ou les Hyalinies, donnent toujours naissance à des colonies moins nombreuses que ceux qui vivent normalement en pleine lumière.

Dans la mer, toute une partie de la faune vit dans des milieux complètement privés de lumière. MM. Fol et Sarazin (1), opérant à bord de l'aviso français *La Corse*, au large du cap du Mont-Boron, qui sépare la rade de Villefranche du golfe de Nice, ont constaté que la limite à laquelle pénétraient, dans l'eau de la Méditerranée, les rayons photo-chimiques lumineux, paraissait se trouver très exactement vers 400 mètres de profondeur. Une plaque au gélatino-bromure exposée par un soleil d'avril éclatant, sous un ciel d'une grande pureté, ne présen-

(1) Fol et Sarazin. *Comptes rendus de l'Académie des sciences*, Paris, 3 mai 1886.

tait, à 430 mètres, aucune trace d'impression lumineuse, après une expérience d'assez longue durée. Et pourtant, bien au-dessous de cette limite batymétrique relativement faible, vit et se reproduit toute une faune malacologique riche en espèces de toutes sortes ; mais, comme nous le disions, aucune de ces espèces n'est aussi chaudement colorée que celles qui sont à de moindres profondeurs, et toujours leur taille est faible. Nous possédons des *Pecten opercularis* pris au delà de 1000 mètres de profondeur dont la coloration est terne et pâle, et dont la taille n'atteint pas 10 millimètres, alors que le type pris au voisinage de la surface et sous la même latitude, dépasse 45 millimètres et est de couleur bien plus foncée.

La lumière n'est donc point indispensable, comme on l'a cru pendant longtemps, à la vie des animaux ; elle la favorise dans de larges limites, c'est incontestable ; avec la privation de lumière, on obtient une diminution dans le développement et une atténuation des couleurs ; quant aux Mollusques qui vivent toujours dans les abîmes, ils paraissent pouvoir fort bien s'en passer ; mais reste à savoir de quel degré d'activité ils sont susceptibles. « Il n'est pas impossible, dit M. Léon Frédérick (1), que certains rayons solaires, fort obscurs, sans action sur le gélatino-bromure des plaques photographiques, pénètrent à une profondeur encore plus grande. Mais il est évident que leur intensité lumineuse doit être extraordinairement faible. Une nuit sans lune et sans étoile, la plus sombre que nous puissions imaginer, nous paraîtrait brillante de lumière comparée à l'obscurité qui règne sans doute au fond de la mer, à plusieurs milliers de mètres de la surface. »

L'absence complète de lumière n'arrête pas non plus le développement et la reproduction des Mollusques terrestres et des eaux douces. On rencontre, en effet, des Mollusques qui vivent

(1) Frédéricq. *La lutte pour l'existence chez les animaux marins*, Paris, 1889, in-12, p. 51.

enfouis dans les plus profondes cavernes et qui jamais n'ont vu la lumière du jour. « Il existe en Europe, écrit M. Bourguignat (1), une contrée montagneuse, la Carniole, qui, de tout temps, a su attirer, moins par la beauté magique de son pays, que par l'aspect grandiose de ses immenses souterrains, l'attention des touristes et surtout des naturalistes. Dans ces vastes cavernes, en effet, où s'engloutissent des rivières considérables, telles que le Poik, par exemple, se trouvent de gigantesques excavations, d'interminables couloirs, de sombres lacs, où la nature, dans sa merveilleuse fécondité, a placé les êtres les plus singuliers. Là, sur les parois des rochers, végètent de tristes cryptogames, le désespoir des botanistes; sous les pierres humides se cachent des insectes aux formes bizarres et anormales; dans les endroits fangeux se tapissent d'étranges crustacés, tandis que dans les sombres cours d'eau nage un être moitié reptile, moitié poisson, le Protée, au corps sans écailles. » Les animaux condamnés à vivre dans les ténèbres et auxquels la nature, dans sa sage prévoyance, a refusé l'organe de la vue, devenu pour eux absolument inutile, ont été l'objet d'études toutes particulières. Dans ces mêmes cavernes, à côté d'êtres aveugles de l'ordre des Reptiles, des Insectes, des Crustacés vivent également de petits Mollusques classés d'abord dans le genre *Carychium*, aujourd'hui reconnu sous le nom de *Zospeum*.

« Les petits Mollusques en question, ajoute M. Bourguignat, n'ont jamais été recueillis près de l'ouverture des souterrains, mais bien dans les couloirs les plus reculés, à plusieurs lieues sous terre; et cela n'a rien d'extraordinaire, quand l'on saura qu'une de ces excavations, celle d'Adelsberg, par exemple, a de 15 à 20 lieues d'étendue. Ces Mollusques ont donc été créés pour vivre dans les ténèbres, et doivent être, par conséquent,

(1) Bourguignat. *Aménités malacologiques*, Paris, 1860, 1 vol. in-8, t. II, p. 1.

aveugles ; car il est raisonnable de penser que, si la nature a enlevé, comme superfluité, l'organe de la vue chez les autres êtres de ces cavernes, elle l'ait ôté, par la même raison, à ces Mollusques. » Ce fait curieux, avancé dès 1860, par M. Bourguignat, a été postérieurement démontré par Ullpitsch, qui a reconnu que ces petits Zospées étaient bien pourvus de quatre tentacules, mais sans aucune trace de globules oculaires pigmentés.

Les Zospées ne sont pas les seuls Gastropodes aveugles. Sous le nom de *Cœcilianella*, M. Bourguignat a désigné tout un genre de Mollusques dont les tentacules sont également privés des organes de la vision ; à leur place, on observe une petite dépression annulaire lisse, visible surtout sur les tentacules supérieurs. Ces Cœcilianelles vivent enfouis sous la terre, dans les cavernes ou les tombeaux, ne sortent que fort rarement de leur retraite et toujours la nuit ; aussi est-il très difficile de se les procurer vivants, tandis qu'il n'est pas rare d'en rencontrer la coquille dans les alluvions des cours d'eau.

Nous signalerons également plusieurs Mollusques Gastropodes aquatiques qui vivent aussi dans les cavernes, et qui, très vraisemblablement, en vertu des mêmes causes, doivent avoir les organes de la vue atrophiés. On a signalé (1), dans une flaque d'eau de la grotte des Espeluges, près de Lourdes, une petite Limnée désignée sous le nom de *Limnæa spelæa*. Déjà M. Drouët(2) avait constaté qu'une autre Limnée, le *Limnæa truncatula*, se trouvait dans les fontaines de la Douix, à Darcey, dans la Côte-d'Or, à la source même et jusque dans le souterrain, et que les individus qui vivaient dans

(1) Guenot. *Description d'une Limnée souterraine des Pyrénées*, in *Bulletin de la Société malacologique de France*, Paris, 1885, t. II, p. 189.

(2) Drouët (H.). *Mollusques terrestres et fluviatiles de la Côte-d'Or*, Dijon, 1868, p. 85.

les flaques d'eau de la grotte et du souterrain étaient très petits et très fragiles.

Dans ces mêmes eaux de sources qui sourdent bien souvent d'une cavité obscure plus ou moins profonde, on observe fréquemment de petits Gastropodes aquatiques de la famille des *Bythinellidæ*, dont l'anatomie est encore fort incomplète, et dont les organes visuels doivent être au moins singulièrement dégénérés, puisqu'ils n'ont pas occasion d'en faire usage ; tels sont notamment les *Bythiospeum* de M. Bourguignat (*Vitrella*, Clessin), des eaux souterraines de la Bavière, du Wurtemberg, de la Carniole, de la Carynthie, qui possèdent, à l'extrémité des tentacules, des cils mobiles suppléant à l'organe de la vision.

Enfin, nous rappellerons également que dans la faune marine, il existe un bon nombre d'animaux qui sont privés des organes de la vision, précisément parce qu'ils n'en ont pas besoin. Citons en tête certains genres Pélagiens, comme la plupart des Ptéropodes ; chez quelques-uns, les organes de la vue sont simplement représentés par des taches pigmentaires placées sur le sac viscéral, près des centres nerveux, comme chez les Cavolinies, ou sur les tentacules, comme chez les Clio. « Cette particularité, ajoute M. le docteur P. Fischer (1), est en rapport avec les habitudes des Ptéropodes qui se montrent à la surface de la mer, surtout à la chute du jour, ou dans les premières heures de la nuit, quoiqu'on en trouve quelques individus nageant à toutes les heures du jour ». Chez un grand nombre de Gastropodes marins fouisseurs, les yeux manquent également ; tels sont les *Philine*, *Scaphander*, *Bullia*, *Sigaretus*, *Natica*, *etc.* Chez les Naticcs, les yeux cachés, ainsi que les tentacules, par le propodium, sont sous-cutanés et non perceptibles, tandis que, chez les Philinidées, la tête est sans

(1) Fischer (P. Dr). *Manuel de conchyliologie*, p. 420.

tentacules. Les Bullies ont bien des tentacules, mais, ceux-ci, longs et pointus, n'ont pas d'yeux. Enfin chez les Doris, les organes de la vue, en connection avec les centres nerveux, sont recouverts par des téguments très épais et ne peuvent, par conséquent, recevoir qu'une impression lumineuse des plus imparfaites. M. le docteur P. Fischer cite encore (1) parmi les Mollusques aveugles les grandes Auricules *(Auricula Midas* et *H. Judæ)*; ces animaux vivent à peu de distance de la mer, dans des marécages saumâtres; enfin « les Chitons, Lepetas, Propilidiums, sont, dit-il, absolument aveugles, quoique leur genre de vie ne diffère pas de celui des Patelles ou des Haliotides, bien partagés sous le rapport de la vision ».

Comme il était logique de le prévoir, bon nombre de Mollusques Gastropodes de la faune abyssale sont également aveugles; mais tous ne perdent pas le sens de la vue à la même profondeur; chez les uns, il n'y a réellement plus aucune trace d'yeux; chez d'autres, ces organes se présentent dans un état d'atrophie telle qu'ils sont absolument impropres à tout service. Comme exemple, nous citerons, d'après M. L. Dollo (2), les espèces suivantes comme aveugles, avec l'indication de la profondeur où elles habitent : *Puncturella brychia* (vers 2400 mètres); *Cocculina* (de 180 à 1520 mètres); *Propilidium* (jusqu'à 2500 mètres); *Lepeta*, *Pilidium*, *Pectinodonta* (jusqu'à plus de 1000 mètres); *Addisonia* (de 130 à 1000 mètres); *Oocorys* (de 1000 à 4000 mètres); *Fossarus (?) cereus* (vers 2500 mètres); *Chrysodomus Sarsi* (de 2300 à 3200 mètres); *Guivilleia* (vers 3000 mètres); *Pleurotoma* plusieurs espèces (jusqu'à 3500 mètres); *Gonicolis* (vers 180 mètres).

(1) Fischer (P. Dr). *Manuel de conchyliologie*, p. 74 et 498.

(2) Dollo (L.). *La vie au sein des mers*, Paris, 1891, 1 vol. in-12, p. 250.

Electricité et magnétisme. — L'électricité atmosphérique paraît avoir un rôle assez important dans le développement malacologique. On sait, en effet, que l'accouplement de ces animaux a toujours lieu de préférence pendant et à la suite des temps orageux, plutôt que dans les journées calmes de la belle saison. Tous ceux qui ont élevé des Mollusques ont pu facilement observer que lorsque le temps était chargé d'électricité, ceux-ci, devenus plus alertes, se recherchaient plus volontiers pour se rapprocher. Il y aurait donc plus de chances de procréation et de multiplication des Mollusques durant les années où les orages sont plus fréquents.

Le magnétisme, « cette force encore si mystérieuse, qui, pareille à un fluide nerveux des corps organisés, fait vibrer ses ondulations invisibles des pôles à l'équateur (1) », a transformé notre planète en un gigantesque aimant. On peut tracer sur notre globe des lignes isogones indiquant la déclinaison de la boussole aux diverses années, et des lignes isoclines montrant les parties de la terre où l'aiguille aimantée se penche vers le sol d'un même nombre de degrés. Comment la faune et la flore se comportent-elles sur ces différentes lignes ? Aucun naturaliste, croyons-nous, n'a encore fait d'observations suffisantes sur un pareil sujet. Mais voici une constatation fort curieuse, montrant l'influence du magnétisme sur les Mollusques.

Parmi les cas tératologiques les plus singuliers que nous ayons à observer chez les Mollusques, nous aurons à signaler une inversion complète de l'animal et de sa coquille ; voici, par exemple, un *Helix pomatia* dont la coquille et l'animal sont normalement enroulés de gauche à droite ; mais, par suite d'une étrange disposition, tout cet ensemble pourra aussi bien être enroulé de droite à gauche. De tels monstres ne sont point rares. Nous en avons signalé (2) un assez grand nombre.

(1) Recluz (Elisée). *La terre*, Paris, in-4, 1872, t. II, p. 433.
(2) Locard. *Études sur les variations malacologiques, d'après la faune vivante*

Jusqu'à présent, on n'a pas encore pu les obtenir artificiellement, ni même avoir de produits féconds. Restait à expliquer pareille anomalie. On a remarqué que dans certaines localités, les formes inverses étaient plus communes, ou tout au moins pas aussi rares que dans d'autres. Pour justifier ce singulier phénomène, M. Bourguignat a proposé la très ingénieuse explication suivante, basée du reste sur l'observation et sur l'expérience : « Je pense, dit-il, pour qu'une coquille sénestre puisse se reproduire (le type normal étant dextre), qu'une réunion similaire de circonstances sont nécessaires. Il faut donc : 1° un bon sol conducteur de l'électricité, ou facilement décomposable par induction, comme, par exemple, une localité possédant des couches de minerai de fer ou des filons métalliques ; 2° un temps assez orageux pour agir par influence sur l'électricité latente des couches de cette localité ; 3° une réunion subite des électricités des nuages et du sol, comme pour un coup de foudre, par exemple, pour amener dans les filons métalliques de la localité, dont l'électricité latente a été décomposée par induction, une réunion électro-magnétique instantanée ; 4° cette réunion électro-magnétique doit coïncider (point important) avec le jour où, chez le germe, se manifeste la première vitalité ; 5° cette réunion doit avoir lieu en sens inverse du mouvement de rotation (1). »

INFLUENCES CHIMIQUES

Composition chimique du sol et des fonds. — La composition chimique du sol se traduit directement dans la manière d'être de l'enveloppe testacée des Mollusques. Pour

et fossile de la partie centrale du bassin du Rhône, Lyon, 1881, gr. in-8, t. II, p. 530.

(1) Bourguignat. *In* Moitessier, *Histoire malacologique du département de l'Hérault*, Montpellier, 1868, 1 vol. in-8, p. 90.

édifier sa coquille, l'animal a besoin d'emprunter à la nature les éléments calcaires et phosphatés qui lui sont nécessaires. Si donc ces éléments font défaut, ou même s'ils sont simplement rares dans un milieu donné, la faune malacologique y sera non seulement de taille plus petite, mais encore bien moins abondante. L'étude régionale de la France démontre de la façon la plus péremptoire de pareils faits. Sur tous les terrains sédimentaires, les Mollusques sont nombreux, ont une coquille solide, épaisse, bien constituée, et peuvent acquérir une grande taille; mais si la nature du sol vient à se modifier, si l'élément siliceux se substitue à l'élément calcaire, les Mollusques deviendront plus rares, ils seront plus dispersés, leur test sera moins résistant, leur taille plus petite, leur allure plus chétive. On peut encore corroborer de tels faits expérimentalement; il suffit d'élever dans un même milieu la moitié d'un lot d'*Helix pomatia* avec des plantes uniquement salicicoles, tandis que l'autre moitié sera nourrie avec des plantes calcicoles, et l'on obtiendra des coquilles pouvant différer même du simple au double.

En Corse, où la faune malacologique est des plus riches et des plus variées, on observe parfaitement cette différence d'allure dans le test des Mollusques en passant d'une colonie à une autre, parfois même très voisine, mais vivant sur deux natures de terrains différentes. Telle espèce aura des colonies populeuses dont les sujets sont forts, bien développés, à test solide, parce qu'elles vivent sur les terrains calcaires, tandis que tout près de là, la même espèce cantonnée sur les granits ou les porphyres ne sera plus représentée que par de rares sujets au test fragile, presque transparent, avec une spire plus surbaissée, à tours moins nombreux, terminée par un péristome plus mince. C'est dans de telles colonies que les cas d'albinisme, même héréditaires, peuvent prendre naissance.

Pareil fait n'a rien que de très normal; il se présente cons tamment dans la nature. Les hommes et les animaux qui vivent exclusivement sur les sols siliceux ne sont-ils pas de race plus petite, plus trapue, que ceux qui se développent sur les sols calcaires? Nous ne pouvons citer d'exemple plus concluant que celui que nous observons tous les jours chez les oiseaux de basse-cour; ceux qui vivent sur les terrains granitiques et qui par conséquent ont de la difficulté à se procurer des éléments calcaires ont toujours la coquille de leurs œufs plus mince et plus fragile que ceux qui vivent sur les terrains sédimentaires. Il en est absolument de même, non seulement pour la demeure testacée de nos Mollusques, mais encore, et nous l'avons également constaté, pour la mince enveloppe qui protège leurs œufs.

Lorsque l'on compare des individus appartenant à une même espèce, mais vivant sur des sols, l'un calcaire, l'autre siliceux par exemple, on constate invariablement une notable augmentation de la taille, ou tout au moins un épaississement du test en faveur des formes vivant sur le milieu calcaire. Mais en outre, comme l'a fait observer M. G. Coutagne (1), les coquilles des régions siliceuses présentent un épiderme et des productions épidermiques tels que poils, épines, lamelles, etc. bien plus développés; « et cela est naturel, fait observer notre auteur, ce que la coquille perd en solidité par défaut de calcaire, devant se retrouver, au moins en partie, dans une augmentation correspondante de son système épidermique. »

En France, la faune terrestre est toujours fort restreinte dans les régions à roches primordiales; en outre, ces faunules ont quelques espèces dominantes qui deviennent plus rares dans les stations à sol calcaire; nous citerons notamment les *Helix aspersa*, *H. lapicida*, *H. rotundata*. On remarquera que quelle que soit la nature du sol, nos Mollusques semblent se plaire

(1) Coutagne (G.). *De la variabilité de l'espèce chez les Mollusques terrestres et d'eau douce*, La Rochelle, 188?, p. 518.

davantage au contact des éléments pétrographiques déjà en décomposition; c'est surtout sur les vieux murs en ruine, aux parois décrépies et rongées par le temps, qu'on les voit se fixer, de préférence aux constructions fraîchement édifiées. Dans ces vieux murs, la nature s'est en quelque sorte chargée de préparer les éléments que le Mollusque devra ensuite absorber; là encore les plantes parasites aimées de ces animaux y croissent plus aisément; et l'on ne sera pas surpris de voir avec quel soin les Mollusques recherchent de tels éléments, quand nous aurons rappelé que chez certains d'entre eux le poids de la coquille dépasse à lui seul de beaucoup le poids de l'animal qu'elle abrite.

Les mêmes faits se reproduisent également chez les Mollusques aquatiques. Les ruisseaux dont le lit renferme des éléments calcaires ont toujours une faune plus riche et plus variée que ceux qui roulent sur un lit à éléments siliceux; et si parfois on rencontre des eaux absolument privées de tout Mollusque, quoique parfaitement normales sous tous les autres rapports, c'est qu'elles sont trop pures et qu'elles ont un fond privé de phosphate et de carbonate de chaux. En élevant dans un aquarium des Mollusques auxquels on donne toujours la même nourriture, mais dont le fond est tantôt calcaire, tantôt siliceux, on arrive à modifier presque à chaque reprise le galbe de l'animal. Ainsi, par exemple, s'agit-il de Limnées ou groupe du *Limnæa stagnalis*, ou de Planorbes voisins du *Planorbis corneus*, si la forme ancestrale élevée sur un fond calcaire était grande et belle, ses descendants élevés sur un fond siliceux seront plus petits, plus rachitiques, comme atrophiés dans leur développement, au point d'être absolument différents de leurs auteurs; et si après avoir passé une partie de leur vie sur un fond calcaire on les transporte tout à coup sur un fond siliceux, ou réciproquement, leur test portera la marque de ce changement d'allure.

Inversement, l'excès de calcaire peut avoir le même inconvénient pour les Mollusques aquatiques. Dans les sources incrustantes les Mollusques ne sauraient vivre. De jeunes Limnées placées dans des eaux chargées d'un excès de carbonate de chaux ont, au bout d'un temps plus ou moins long, leur coquille encroûtée au point de ne pouvoir plus se développer; elles restent petites; les animaux se reproduisent difficilement et toujours en petit nombre; le carbonate de chaux joue alors un rôle purement mécanique, en arrêtant le développement normal de la coquille.

L'invasion brusque des eaux salées dans un milieu d'eau douce peut produire de singuliers effets. C'est ce qui s'est produit pour le lac d'Osségor, dans les Basses-Pyrénées. Ce lac, renfermant toute une faunule exclusivement des eaux douces fut tout à coup envahi par la mer; en peu de temps les eaux furent assez salées pour donner asile à des Péringies et des *Scrobicularia piprata*. Les Limnées et des Physes qui y vivaient, ont présenté, d'après M. le marquis de Folin, non seulement une diminution considérable dans la taille, mais encore les plus singulières déformations, portant surtout sur le dernier tour, au voisinage de l'ouverture; il en résulta un polymorphisme excessif, par une altération de la forme, allant souvent jusqu'à la monstruosité; après un mois les espèces des eaux douces disparurent complètement, l'acclimatation dans des conditions aussi radicales n'étant pas possible.

Dans la faune marine, les fonds siliceux donneront également naissance à une faune moins riche et moins abondante que les fonds calcaires, le degré de salure restant le même. C'est sur les fonds calcaires que se développent le mieux ces vastes bancs d'Huîtres qui représentent une quantité parfois considérable de calcaire. Enfin ces grandes et belles coquilles des

(1) Folin (M. de). *Faune lacustre de l'ancien lac d'Osségor*, Dax, etc., 1 br. in-8, 16 p., 2 pl.

mers chaudes, ces Casques gigantesques, ces Cones et ces Porcelaines si pesantes, ces immenses Tritons, ces vastes Tridacnes qui pèsent plus de 250 kilogrammes, ne peuvent vivre, on le comprendra sans peine, que sur des fonds calcaires où ils puisent les éléments indispensables à leur laborieuse édification.

Certains sels exercent une action directe sur les Mollusques. Le fer, même lorsqu'il est en assez grande abondance, ne paraît pas nuire au développement des animaux. On trouve dans les dépôts géologiques ferrugineux du Toarcien, du Bajocien, de l'Oxfordien, de grands et beaux coquillages, au test peut-être un peu mince, mais qui ne paraissent pas avoir souffert le moins du monde d'un pareil contact. Mais si le fer est associé au soufre, ces mêmes fossiles sont alors beaucoup plus petits. Toutefois nous devons ajouter qu'à maintes reprises nous avons observé des Mollusques vivant au voisinage et même sur des mines ou des filons ferrugineux, et qu'ils ne présentaient pas de différences bien sensibles avec leurs autres congénères. Cependant nous avons souvent remarqué que les Ancyles, les Bythinies, les petites Limnées, dans les cours d'eaux, recherchaient de préférence les cailloux ferrugineux ou manganèsés pour s'y fixer, et que si une pierre était traversée par une veine minérale de semblable nature, c'était sur elle ou dans son voisinage immédiat que ces petites coquilles se fixaient de préférence.

La silice convient infiniment moins aux Mollusques. En géologie, tous les fossiles siliceux restent toujours petits. Aux environs de Lyon, on trouve dans les formations du Bajocien supérieur des fossiles siliceux qui appartiennent au même horizon que les dépôts classiques de Caen ou de Bayeux ; dans cette localité, les fossiles logés dans un calcaire un peu ferrugineux sont de grande et belle taille, tandis que les mêmes espèces transformées en silex dans les formations du Ciret lyonnais sont toutes de très petite dimension.

Les sels de cuivre, d'antimoine, d'arsenic sont également funestes aux Mollusques. Plusieurs ruisseaux qui renfermaient une faunule bien caractérisée ont été rapidement dépeuplés à partir du jour où des eaux de carrières voisines ou de mines y ont été déversées. Les exploitations cuprifères du Lyonnais et de la Corse ont fait disparaître les Mollusques aquatiques des ruisseaux situés au voisinage de ces mines. Dans les montagnes du Beaujolais, où il existe encore des déblais d'anciennes exploitations de galène, nous n'avons pas rencontré une seule coquille dans les ruisseaux voisins, sans doute par suite de ce fait que les filons de plomb ont presque toujours dans leur toit ou dans leur mur quelques filonnaux cuprifères.

Dans les environs de Paris, dans toutes les formations gypseuses, on ne rencontre pas ou presque pas de fossiles, alors qu'ils sont si abondants dans tous les dépôts calcaires subordonnés. La faune vivante que l'on observe sur ces mêmes dépôts est toujours très petite et très pauvre. Nous avons recueilli aux environs de Lagny des *Helix pomatia* qui ne dépassaient pas 27 millimètres de hauteur, quoique parfaitement adultes.

Composition chimique de l'air et de l'eau douce. — Si deux colonies voisines à une même altitude présentent des différences, ce n'est certes pas à la composition chimique ou physique de l'air qu'il faut l'attribuer; pourvu que cet air renferme une certaine dose d'humidité, c'est tout ce qu'il faut au Mollusque; il paraît absolument insensible aux odeurs les plus nauséabondes mais accidentelles, qui parfois vicient singulièrement l'air prétendu pur des campagnes.

A ce point de vue le Mollusque a la vie très dure. Spalanzani a constaté que les Escargots peuvent impunément rester 24 heures dans le vide; ce n'est qu'après deux ou trois jours de privation d'air qu'ils finissent par périr. Du reste, tant qu'ils hivernent, enfermés dans leur coquille, la consommation d'air qu'ils peuvent faire est à peu près nulle.

Plusieurs auteurs ont étudié l'influence des gaz dits irrespirables sur les Mollusques. « Le Limaçon, plongé dans le gaz hydrogène pur, vit dix-huit heures ; il résiste aussi longtemps dans l'azote ; le gaz analysé après la mort de l'animal offre un volume d'acide carbonique presque égal à celui que le Mollusque expire dans l'air. Les Gastropodes placés dans l'acide carbonique meurent plus vite que dans l'azote ; l'hydrogène sulfuré les tue très rapidement ; ils vivent d'une demi-heure à trois heures dans une éprouvette remplie de ce gaz (Vauquelin, Spalanzani). Les fonctions respiratoires ne paraissent pas altérées par le séjour prolongé dans le gaz oxygène ; on a noté seulement une consommation d'oxygène beaucoup plus marquée qu'à l'état normal et en même temps une exhalation plus considérable d'acide carbonique (1). » Mais si ces gaz sont relativement peu toxiques pour les Mollusques, on remarquera que ceux-ci ont, en général, bien soin de les éviter. On ne rencontre jamais de Mollusques aux environs des volcans, des solfatares, des sources sulfureuses, etc., là, en un mot, où l'air respirable est sérieusement vicié.

Pour le Mollusque aquatique qui est condamné à vivre dans le milieu où il se trouve, sans pouvoir émigrer bien loin, les conditions ne sont plus les mêmes ; si la composition chimique de l'air varie peu, il n'en est plus du tout de même de la composition de l'eau ; rien n'est plus variable qu'un pareil élément, surtout lorsqu'il s'agit des eaux douces. Laissons de côté, pour le moment, l'allure, c'est-à-dire l'action mécanique des eaux, n'envisageons que leur composition chimique. L'eau de deux sources voisines peut avoir une composition chimique absolument différente ; il suffit, pour cela, que ces sources émergent

(1) Fischer. *Journal de conchyliologie*, Paris, 1861, t. IX, p. 106.

de deux niveaux géologiques distincts ; à Lyon, par exemple, le degré hydrotimétrique de puits relativement peu éloignés peut varier, d'après Séeligman, de 13° à 135°. Les ruisseaux, les lacs, les étangs, les rivières et les fleuves d'un même pays sont bien loin d'avoir une égale composition. Quoi de plus différent que la nature des eaux du Rhône et celles de ses principaux affluents, l'Arve, l'Ain, la Saône, l'Isère, etc. !

Or, tous les Mollusques des eaux douces ne se plaisent pas dans les mêmes eaux. Le *Physa hypnorum* ne pourra vivre dans des eaux stagnantes ou croupissantes où se plaisent les *Limnæa auricularia*, *ovata* ou *turgida;* et puisque nous parlons des Limnées, nous observerons que les formes de grande taille, à spire allongée, vivent de préférence dans les eaux claires et pures, tandis que les formes ventrues et à spire courte, se rencontrent bien plus volontiers dans des eaux moins fraîches et moins vives. Aux *Pisidium obtusale*, *pusillum*, *nitidum*, *roseum*, une eau vaseuse n'est point nuisible; mais les *Pisidium Normandianum*, *cinereum*, *calyculatum*, *pulchellum*, *etc.*, aimeront mieux des eaux plus pures. Il est bien certain que, si tous les Anodontes et les Unios pouvaient vivre dans n'importe quel milieu, nous n'aurions pas cette quantité d'espèces si différentes. Il nous serait facile de multiplier nos exemples ; nous nous bornerons à renvoyer le lecteur à notre Prodrome (1), où nous avons essayé, à propos de chaque espèce, d'indiquer le *modus vivendi* qu'elle semble préférer.

C'est bien à tort que l'on dit souvent : « Pure comme l'eau de roche » ; mieux serait de dire : « Pure comme l'eau distillée », car il n'est pas de source absolument pure ; suivant la nature du terroir qu'elles traversent, leur composition se mo-

(1) A. Locard. *Prodrome de Malacologie française, Catalogue général des Mollusques vivants de France, Mollusques terrestres, des eaux douces et saumâtres*, 1882, 1 vol. gr. in-8.

difie. Mais prenons à sa source l'eau la plus claire et la plus limpide, vint-elle à couler sur des cailloux calcaires? Elle leur empruntera un peu de leur élément et son degré hydrotimétrique ne tardera pas à s'élever.

Sans parler des eaux incrustantes, il est des eaux réputées pures qui, en peu de temps, se chargent de 10 à 20 degrés hydrotimétriques et même plus. Cette même eau traverse-t-elle des argiles, des marnes, ses bords sont-ils creusés dans la terre arable, elle absorbe encore des principes nouveaux ; reçoit-elle des apports dans son cours, à ses eaux d'une nature donnée, viendront se mêler d'autres eaux de composition différente, et en peu de temps cette eau si claire et si pure sera ainsi complètement modifiée. Quel meilleur exemple à donner que celui d'un de nos grands cours d'eau, le Rhône, par exemple. A sa source, c'est une eau fraîche et limpide, qui devient déjà boueuse à son débouché dans le lac de Genève ; avant de traverser cette ville, mêlée aux eaux du lac, elle a repris sa transparence ; mais au sortir de la ville, et plus loin encore, lorsque les eaux de l'Arve lui ont apporté leurs détritus et leur limon, son allure varie encore. Avant de recevoir les eaux de l'Ain, elle s'épure à nouveau ; à Lyon, son degré hydrotimétrique s'élève jusqu'à 16°. Vingt fois au moins avant d'arriver à la mer, elle aura changé de vitesse, de fond, de composition, d'aspect, de couleur. Que de milieux de natures absolument différentes ne présente-t-elle pas dans son long parcours? Nous sommes donc bien en droit de dire que rien n'est plus variable que les milieux des eaux douces.

A envisager les seuls lacs de la Suisse, on serait volontiers porté à croire qu'ayant tous à peu près la même origine, la même allure, leur faune doit être exactement la même ; eh bien, non ! quoique relativement très voisins les uns des autres, ils ont presque chacun leur faune propre, et non seulement celui-ci ou celui-là ne contient que telle Nayade, mais les Poissons eux-mêmes auxquels ils donnent asile, présentent entre eux de notables différences, quoique appartenant au même groupe. Il est bien certain que, si tous nos cours d'eau avaient la même allure, la même composition d'un bout à l'autre, il n'y aurait pas de raisons pour qu'ils n'aient pas la même faune dans tout leur parcours, les eaux se chargeant elles-mêmes de servir de véhicule aux jeunes sujets pour les disperser le long de ses rives. On peut arguer que, si le Rhône présente dans son étendue des formes aussi différentes, c'est qu'il change de température et court sous des latitudes suffisamment distinctes. Mais que dira-t-on alors de la Loire, de la Garonne, dont les eaux, une fois sorties de la montagne, s'écoulent à peu près tout le temps sous la même latitude? Et pourtant la faune malacologique de la Loire, aux environs du Roanne, d'Angers ou de Nantes, présente les plus grandes différences. Il faut donc forcément se résoudre à admettre que ce grand polymorphisme, que nous avons signalé dans nos Nayades des eaux douces, ne fait que suivre le polymorphisme des milieux dans lesquels elles sont appelées à vivre.

Dans des eaux trop pures, les Mollusques ne trouvent pas assez de substances alimentaires et ne rencontrent pas non plus la matière nécessaire à l'édification de leur demeure ; des Unios et des Anodontes élevés dans de l'eau distillée, sur un fond de sable siliceux bien pur, ne tardent pas à périr. Il faut donc à ces Mollusques un certain degré hydrotimétrique convenable; les eaux à 25 ou 30° sont pour eux les meilleures. Inversement, les eaux qui courent, ou mieux qui stationnent sur des fonds vaseux, chargés de détritus animaux ou végétaux en décomposition, leur sont particulièrement agréables, car ils y trouveront tout à la fois le vivre et le couvert. Dans de tels milieux, la coquille sera toujours plus solide, plus épaisse et même l'épiderme sera plus coloré. Ce sont là des faits d'observation ; et, en effet, ce n'est jamais dans des milieux trop purs que l'on récolte ces formes pondéreuses, au test lourd et épais, comme on le voit chez certains grands Anodontes.

Si l'*Unio sinuatus* au test épais se trouve dans nos grands cours d'eau, il ne faut pas oublier qu'il vit dans les fonds et les trous, là où s'accumule sans cesse une quantité suffisante de substances utiles à son développement. Dans les ruisseaux trop purs des contreforts des Alpes, du Jura, du plateau central, la faune devient plus rare et les espèces sont plus petites.

Inversement, dans les eaux trop riches en matières de toutes sortes, animales, végétales ou minérales, les Mollusques ne vivent pas. Dans un petit aquarium, si l'on n'a pas soin d'enlever rapidement les cadavres des Mollusques qui meurent, l'eau se corrompt et les autres animaux ne tardent pas à succomber à leur tour. « La plupart des Mollusques, dit M. A. Girardin (1), périssent dans les eaux infectées, et la décomposition de leur corps se fait en très peu de temps. A l'air, ils peuvent se dessécher sans mourir. Ils reviennent à la vie quand on les remet dans l'eau, après plusieurs mois de léthargie. Aussi, dès qu'un cours d'eau s'infecte, les Mollusques remontent le long des herbes, s'y cachent sous les feuilles et attendent que le danger ait disparu pour redescendre dans l'eau. En juillet 1869, quand les Poissons moururent en Seine, les Limnées restèrent cinq jours hors de l'eau et ne descendirent qu'au sixième jour. » Il faut donc aux Mollusques des eaux qui ne soient ni trop pures, sans quoi ils seraient exposés au jeûne, ni par trop impures. « Les égouts de Paris, dit le même auteur (2), agissent à la façon des engrais. Quand l'engrais est trop abondant, les plantes ne poussent pas ; si l'engrais s'atténue, on a le maximum de fertilité, et lorsque l'engrais s'épuise, l'abondance de la végétation diminue. »

(1) Girardin (A.). *Rapport sur l'altération, la corruption et l'assainissement des rivières*, Paris, 1874, 1 vol. br., gr. in-8, p. 9.

(2) Girardin (A.). *Loc. cit.*, p. 19.

Composition chimique des eaux de la mer. — Au point de vue purement chimique, la composition des eaux de mer est encore peut-être plus variable que celle des eaux douces; il devrait donc en résulter un polymorphisme plus grand pour les Mollusques marins que pour ceux qui vivent en eaux douces. Et pourtant, nous avons dit qu'il n'en n'était pas ainsi. Hâtons-nous d'ajouter qu'à l'action chimique des eaux vient toujours s'adjoindre une somme d'autres actions physiques ou mécaniques qui ont bien plus d'importance dans les eaux douces que dans la mer, et qui permettent ainsi de justifier ce maximum de polymorphisme en faveur de la faune de ces eaux.

L'influence de la salure de l'eau sur les Mollusques n'a pas été observée en dehors des expériences de Beudant que nous avons mentionnées plus haut. Mais le fait est démontré d'une façon tellement péremptoire pour les Crustacés que nous ne pouvons résister au plaisir de citer ici les remarquables expériences de Schmankewitsch (1), relatées par M. Léon Frédéricq (2), sur l'*Artemia salina :* « Les *Artemia* sont de petits Crustacés qui vivent dans l'eau des marais salants et des salines. On en connaît plusieurs espèces, notamment *Artemia salina*, qui vit dans l'eau modérément salée, marquant 4° B., et *Artemia Milhausenii*, qui ne se trouve que dans l'eau beaucoup plus salée, marquant par exemple 25° B. Les deux espèces sont suffisamment différentes pour que jamais il ne soit venu à l'esprit d'aucun zoologiste de les confondre. D'ailleurs, comme nous venons de le dire, les conditions physiques de leur habitat sont différentes. Or, Schmankewitsch a réussi à transformer, au bout de quelques générations, une espèce dans l'autre, rien qu'en modifiant les conditions de salure du milieu ambiant.

(1) Schmankewitsch. *In Zeitschrift fur wiss. zool.*, 1871, t. XXII.

(2) Fredericq (Léon). *La lutte pour l'existence chez les animaux marins*, Paris, 1889, 1 vol. in-12, p. 37.

Artemia salina, placée dans de l'eau dont la concentration fut peu à peu augmentée, fournit une série de générations qui se modifièrent de plus en plus et finirent par se transformer complètement en *Artemia Milhauseni*. L'expérience fut également tentée en sens inverse et couronnée de succès. En diluant graduellement l'eau dans laquelle vivait *Artemia Milhauseni*, Schmankewitsch put la transformer en *Artemia salini*. Schmankewitsch poussa l'expérience plus loin, il soumit plusieurs générations d'*Artemia salina* à des milieux de moins en moins salés, par des additions graduelles d'eau douce, de manière à aboutir finalement à l'eau tout à fait douce. Il vit peu à peu les caractères distinctifs du genre *Artemia* disparaître et faire place à ceux du genre *Branchipus stagnalis*, petit Crustacé commun dans toutes les eaux douces et connu depuis longtemps. »

Ce que nous venons de rapporter pour un Crustacé doit bien certainement se produire pour certains Mollusques. C'est simplement une expérience à faire sur un sujet bien choisi.

La composition chimique des eaux de la mer est éminemment variable, même dans les milieux assez rapprochés les uns des autres. Dans une même région, le degré de salure peut varier, non seulement suivant les points d'observation, mais encore suivant la profondeur. L'eau douce qui, nécessairement, revient à la mer, pour en tempérer la salinité, forme souvent des courants, et ceux-ci, grâce à la différence de densité des eaux, ne se mêlent pas immédiatement à toute la masse. Ainsi, dans l'étang de Berre, par exemple, comme dans la baie de l'Aiguillon, le degré de salure est loin d'être partout identique; il varie encore avec la saison. En effet, en hiver et en été, la quantité d'eau douce apportée soit par les pluies, soit par les affluents qui se jettent dans ces eaux, n'est point du tout constante; d'autre part, la température extérieure venant à se modifier, dans un bassin relativement restreint, l'évaporation pourra être plus grande à un moment donné que la somme des apports d'eau douce. Le degré de salure sera donc ainsi en quelque sorte constamment modifié.

Outre le chlorure de sodium ou sel marin, la mer renferme, comme on le sait, d'autres sels, tels que chlorure de magnésium et de calcium, sulfate de magnésie, de chaux et de soude, carbonate de chaux et de magnésie, etc. Tous ces sels peuvent avoir une action sur les Mollusques, et tous sont en proportion variable, même en haute mer. Pour montrer combien ces proportions sont susceptibles de modifications, nous emprunterons à M. le Dr P. Fischer, les trois analyses suivantes, faites par le même chimiste, M. Fauré, et portant sur trois échantillons recueillis à haute mer, dans le voisinage de la Gironde (1).

EAU RECUEILLIE A HAUTE MER	ARCACHON	CORDOUAN	POINTE DE GRAVE
Chlorure de sodium.	27,965	27,265	26,550
— de magnésium.	3,785	2,892	2,725
— de calcium.	0,325	0,630	0,590
Sulfate de magnésie.	5,575	4,210	3,515
— de chaux.	0,225	0,315	0,290
— de soude.	0,485	0,225	0,202
Carbonate de chaux. . . . . / — de magnésie. . . .	0,315	0,325	0,332
Matières organiques animalisées. .	0,052	0,043	0,046
Iodures et bromures.	Q. indét.	Q. indét.	Q. indét.
TOTAL pour 1000. . . .	38,725	35,905	33,250

On voit par ce tableau combien, dans une même région, le degré de salure de l'eau de mer prise au large peut varier. Il en sera bien autrement encore au voisinage des côtes, là où se font les apports incessants des cours d'eaux.

On comprend qu'avec de pareilles variations, la faune ne pourra pas être identiquement la même, et qu'elle devra se modifier suivant le milieu. Nous avons montré que, pour les

(1) Fischer (P. Dr). *Faune conchyliologique marine du département de la Gironde*, Paris, 1865, 1 vol. in-8, p. 12.

Mollusques cultivés, le degré de salure ne devait pas dépasser 38 à 39 pour 1000, ni être inférieur à 16 ou 17. Avec une teneur plus grande en sels, les Mollusques se développent mal, restent chétifs, leur chair est toujours plus dure et plus coriace; si, au contraire, la proportion de sel est trop faible, ils s'affadissent, deviennent mous et ne tardent pas à périr (1).

Il est une autre remarque qui nous est suggérée par la comparaison des faunes avec leurs milieux respectifs. En général, rien de plus simple que le mode d'ornementation des Mollusques terrestres et des eaux douces ou même saumâtres; mais dès que nous passons dans des milieux franchement salés, cette ornementation devient immédiatement plus complexe, plus riche, plus élégante; alors seulement apparaissent les rides, les plis, les épines, les granulations de toutes sortes dont la disposition symétrique contribue dans une si vaste part à la beauté ornementale des coquillages marins. Déjà, au niveau du balancement des marées, ces formes sont ridées, costulées, mais elles manquent encore de symétrie et de régularité; à quelques mètres plus bas, les profils sont plus complexes, plus ornementés, plus variés, comme par exemple chez les *Rissoidæ*, *Trochidæ*, *etc.*; plus bas encore, dans des milieux absolument calmes, avec les *Pleurotomidæ*, les *Fusidæ*, les *Cassidariidæ*, les *Pyramidellidæ*, *etc.*, ce sont les formes les plus gracieuses, avec le test le plus finement ciselé, les contours les plus délicatement découpés; jamais pareille ornementation ne s'est trouvée ni dans la faune terrestre, ni dans celle des eaux douces. Aussi, lorsqu'on examine la faune si particulièrement étrange des grands lacs de l'Afrique équatoriale, n'est-on pas en droit de leur reconnaître une juste ressemblance avec une faune franchement marine, quoique, aujourd'hui, elle soit dans un tout autre milieu. Les *Hylacantha*, *Limnotrochus*,

(1) Locard, *L'Huître et les Mollusques comestibles*, Paris, 1890, 1 vol. in-12, p. 289.

Bourguignatia, Randabelia, Joubertia, Lavigieria, Edgaria, Paramelania, etc., du lac Tanganica, ont évidemment un faciès particulièrement marin, bien propre pour éclairer les naturalistes sur l'hydrographie et l'hydrologie de ces lointains pays.

Parfois certaines espèces se développent mieux dans un milieu d'une composition chimique donnée que dans un autre. Nous trouvons une preuve manifeste de cette adaptation, dans les récurrences paléontologiques si fréquentes dans certains pays. Il arrive, en effet, d'observer assez souvent, dans une série alternante de roches de compositions différentes, que le même fossile n'existe absolument que dans l'un de ces sédiments, alors qu'il fait absolument défaut dans les autres; toutes les fois que ce milieu propice lui a permis d'y vivre, il s'y est développé, tandis que, lorsque les conditions chimiques du milieu sont venues à se modifier, il a disparu subitement. M. Contejean cite (1), dans cet ordre d'idée, les Astartes qui forment de véritables lumachelles dans les lits calcaires, alternant avec des argiles grossières plus ou moins chargées de sable et de calcaire, montrant une succession, plus de vingt fois répétée, dans les strates du Jura.

INFLUENCES MÉCANIQUES

Déplacement des Mollusques. — Dans un autre travail, nous avons exposé dans quelles conditions naturelles ou artificielles les Mollusques terrestres et aquatiques pouvaient être déplacés (2). Les causes sollicitant ces déplacements sont

(1) Contejean. *Éléments de géologie et de paléontologie*, Paris, 1874, 1 vol. in-8, p. 453.

(2) Locard. *Études sur les variations malacologiques d'après la faune vivante et fossile de la partie centrale du bassin du Rhône*, Paris, Lyon, 2 vol. gr., in-8, t. II, p. 129.

extrêmement nombreuses : tantôt c'est le Mollusque lui-même qui émigre ; tantôt c'est le fait de la main de l'homme. Le vent, les cours d'eaux sont d'excellents véhicules pour nombre d'espèces ; les oiseaux ou les mammifères emportent avec leurs pieds de petites coquilles des eaux douces, etc. Il résulte parfois de ces déplacements des conséquences étranges : telle forme d'une faune étrangère s'implantera momentanément ou même définitivement dans un milieu nouveau.

Ainsi s'explique l'apparition en quelque sorte spontanée d'une faunule dans un milieu jusqu'alors inhabité. Nous ne croyons pas avoir à revenir sur un pareil sujet, nous citerons simplement un exemple absolument concluant au point de vue du transformisme. Sous le nom de *Limnæa raphidia*, M. Bourguignat a décrit et figuré une forme très allongée du groupe du *L. stagnalis*, et qui vit dans les cours d'eaux de la Dalmatie. Cette forme est telle qu'il est impossible de la confondre avec n'importe quelle autre de ce groupe. Il y a quelques années, nous reçûmes du lac de Silan, près de Nantua, dans un lot de Limnées, quelques individus parfaitement caractérisés de ces *Limnæa raphidia*. Le doute n'était pas possible; dans cette localité, le *L. raphidia* vivait en compagnie du *L. stagnalis*. L'année suivante, dans la même station, avec des *L. stagnalis*, nous observâmes des Limnées en quelque sorte intermédiaires entre le *L. raphidia* et le *L. stagnalis*, mais pas un seul *raphidia;* deux ans après, toutes formes pouvant tenir du *L. raphidia*, de près ou de loin, avaient totalement disparu; il ne restait plus que des *L. stagnalis*, comme par le passé.

Quelle explication donner à ces faits ? Le *L. stagnalis* est la forme normale du lac de Silan; sans doute quelque oiseau migrateur a rapporté un jour, fixé à ses pattes, un paquet d'œufs de *L. raphidia* de la Dalmatie, et les a déposés dans le lac; ces œufs se sont développés, ont éclos, et il en est résulté une petite colonie de *L. raphidia;* mais comme le milieu ne convenait pas à cette espèce, elle s'est modifiée, le type original a disparu, et, au bout de trois générations, il ne restait plus que des *L. stagnalis*, forme affine, sans doute, mais spécifiquement toute différente.

Nous n'insisterons pas davantage sur ces exemples de transport et de déplacement des Mollusques, qu'il nous serait facile de multiplier. Bornons-nous à retenir ce fait : que de tous les Mollusques, ce sont encore les Mollusques des eaux douces qui, par leur taille, par la nature du milieu qu'ils habitent, par la disposition de leurs œufs, sont les plus exposés à être transportés. En second lieu, nous classerons les Mollusques terrestres qui, eux aussi ne manquent pas de moyens de locomotion. Les plus fixes, au point de vue de l'habitat, seront les Mollusques marins, ceux surtout qui habitent au-dessous de la zone littorale; les courants sous-marins ou les émigrations volontaires peuvent seuls occasionner leur déplacement.

Action des eaux courantes. — Un des éléments les plus importants dans la manière d'être des eaux, c'est leur vitesse. Il existe des eaux absolument calmes, dont la vitesse est nulle, et d'autres qui ont une vitesse telle que la vie n'est plus possible au sein de milieux ainsi agités. Le Mollusque est, par excellence un animal paisible, qui fuit tout mouvement, qui évite toute cause d'agitation; et cependant, bien malgré lui, comme nous l'avons vu, il est exposé à être déplacé et même entraîné fort loin. En temps normal, notre Mollusque s'établira donc dans des centres aussi abrités que possible; les collectionneurs de Mollusques connaissent bien ces retraites tranquilles où il faut aller pêcher les Nayades. Mais vienne une crue subite et aussitôt jeunes et même vieux Mollusques seront entraînés à une distance plus ou moins considérable, le Lamellibranche plus encore que le Gastropode, puisqu'il ne peut résister ni fuir devant le danger menaçant.

Ces mêmes eaux peuvent aussi agir mécaniquement sur les Mollusques terrestres en les entraînant même fort loin de leur centre normal. C'est ainsi, par exemple, que des formes alpestres et suffisamment robustes ont été entraînées de proche en proche des stations élevées jusque dans la vallée du Rhône, se modifiant à mesure qu'elles descendaient des hauteurs, jusque dans la région des plaines basses et des vallées. Il est, du reste, un calcul fort simple et fort édifiant à faire à ce sujet. La plupart des Mollusques terrestres, au moins les Hélices, peuvent séjourner pendant vingt-quatre heures dans une eau courante, sans en être par trop incommodés; si, après ce séjour, on les expose à l'air et au soleil, ils ne tardent pas à reprendre leur allure primitive. Or, la vitesse moyenne normale des eaux du Rhône, par exemple, est de 2 mètres à la seconde; un Mollusque, d'après cela, pourrait donc accomplir un voyage de 172.800 mètres en vingt-quatre heures seulement. En admettant une vitesse de 2 mètres à la seconde, nous avons pris une vitesse moyenne; si celle du fond de l'eau est moindre, celle de la surface est bien plus grande; en outre, ce chiffre est celui de la vitesse du Rhône à Lyon, et dans la partie nord ou mieux nord-ouest de son parcours, cette vitesse est bien plus forte encore, surtout au moment des grandes eaux, c'est-à-dire précisément au moment où les Mollusques sont plus facilement arrachés du sol et entraînés jusqu'au fleuve par les grandes et abondantes pluies d'orage. Enfin souvent le Mollusque est emporté avec quelques débris qui surnagent avec lui et sur lequel il trouve un asile protecteur. On comprend dès lors quel chemin considérable il peut ainsi parcourir sans grandes difficultés, et pour peu qu'il trouve, au bout de sa course, un asile qui lui soit propice, il y fera souche et s'adaptera à son nouveau milieu.

Les rives des cours d'eau, comme le bord de la mer, sont des milieux toujours plus riches en Mollusques que le centre des terres ; bien rarement on y trouve des formes absolument locales, véritablement autochtones, presque toujours il y a un mélange de la faune locale avec des éléments empruntés à la faune voisine, soit tels quels, soit déjà modifiés. En mer, le long des bords, là où circulent des courants littoraux, on observe de fréquents mélanges dans les faunes ; ainsi s'expliquent ces colonies, ces bancs de Mollusques qui, tout d'un coup apparaissent dans un milieu jusqu'alors inhabité. Les embouchures des grands cours d'eaux sont les seuls vrais obstacles à l'extension des faunes littorales ; de là la possibilité de diviser en bassins naturels les faunes marines, par les embouchures des fleuves.

Il est une autre observation que nous tirerons de l'allure même des cours d'eaux. Toutes les Nayades qui vivent dans les eaux courantes : Margaritanes, Unios, Pseudanodontes, Anodontes, Dreissensies, etc, sont plus particulièrement longiformes ; toutes ont un galbe plus ou moins allongé. Au contraire, ces mêmes genres lorsqu'il vivent en eaux tranquilles sont plus volontiers bréviformes. Il va sans dire que, si, dans le cours d'un fleuve ou d'une rivière rapide, il se trouve des stations absolument tranquilles, et cela n'est point rare, les Mollusques bréviformes domineront dans ces stations. Cette particularité, résultat de longues et constantes observations, se justifie parfaitement. Il est bien évident que les jeunes individus qui ne sont pas enfouis dans le sable ou la vase, étant continuellement sollicités par une action mécanique constante, agissant toujours de la même manière, tendront à voir leur fragile coquille s'étirer, s'allonger, s'effiler dans le même sens ; tandis que, au contraire, les mêmes individus, plongés dans un milieu toujours tranquille, se développeront tout à leur aise, dans tous les sens, sans qu'aucune action mécanique ne vienne les troubler.

Les autres Mollusques des eaux douces ont bien, il est vrai, des formes absolument variées, depuis le galbe déprimé des Planorbes, jusqu'à la spire allongée de certaines Limnées; mais ces Mollusques, de même que les Sphæries et les Pisidies, ne se plaisent que dans des milieux calmes, et non dans des cours d'eaux rapides où l'on observe les grand Acéphales dont nous venons de parler. En outre, du moins lorsqu'il s'agit des Gastropodes, ils peuvent se déplacer bien plus facilement que les Nayades. Ils vivent dans leurs milieux, à la façon des Mollusques marins, loin des actions mécaniques qui peuvent modifier leur allure et leur galbe. Remarquons en passant qu'il en est des Mollusques comme des Poissons; car on ne voit pas dans nos cours d'eau ces formes courtes et plates qui abondent dans la mer, et que les formes particulièrement allongées, étroites, vivent dans les torrents, les rivières et les fleuves, là où le courant comporte de semblables types.

Une action mécanique d'un autre genre serait exercé sur les Mollusques aquatiques par les eaux constamment mises en mouvement. Tel est, par exemple, le cas des Limnées du lac de Constance, observées par M. S. Clessin. Ces coquilles ont été également étudiées par M. le marquis de Folin, qui constate qu'elles « conservent leur forme générale, tout en perdant un peu de leur régularité dans leur formation; cela s'aperçoit surtout par quelques points brusques dans leurs courbes qui ne sont plus aussi pures, et ces écarts dans les lignes en impriment nécessairement aux contours et font soupçonner, l'état des lieux étant connu, qu'ils ont bien pu être produits par l'effet de mouvements également brusques. On peut croire que l'agitation des eaux imprime à l'animal des soubresauts, des saccades, qui peuvent écarter le manteau de sa position normale, qu'il ne se maintient au travail de la sécrétion que par des contractions, des efforts nerveux, qui nuisent au fonctionnement régulier de l'opération. Que ces efforts ne réussissent pas toujours à éviter des interruptions dans le contact, et que la reprise ne peut être fort souvent qu'incorrecte (1). »

On observe très souvent, en effet, chez presque tous les Mollusques des eaux douces, certaines irrégularités du test. Les *Limnæa stagnalis*, *turgida*, *ovata*, *auricularia*, *palustris*, *peregra*, *etc.*, ont tantôt leur test absolument lisse, tantôt comme martelé, parfois même comme costulé longitudinalement; le même fait s'observe également chez certains Vivipares; certains Unios ou Anodontes d'une même espèce donnée ont tantôt le test absolument lisse et brillant, tantôt, au contraire, plus ou moins ridé ou feuilleté, surtout à la périphérie. A notre avis, de telles modifications dans l'allure du test ou de l'épiderme doivent être attribuées à l'action mécanique des eaux. Si celles-ci sont calmes et tranquilles, le test sera lisse et brillant; si, au contraire, elles sont souvent en mouvement, le test se ridera, perdra de sa régularité et de son brillant.

Un dernier effet mécanique causé par les eaux, c'est une diminution plus ou moins considérable dans la taille et dans le nombre des individus. Dans un cours d'eau, en plein courant, le nombre des Mollusques est toujours moindre que sur les bords, au voisinage des anfractuosités de la berge, où ils sont plus protégés; s'il existe une losne, une mare, une pièce d'eau quelconque dans le voisinage de ce cours d'eau, la faune y sera et plus belle et plus populeuse, uniquement parce que les eaux y sont plus calmes. Il est incontestable que le courant de l'eau, tendant toujours à entraîner les jeunes, nuit au développement de la colonie; d'autre part, le Mollusque qui dépense pour résister à cette action d'entraînement n'atteindra jamais une aussi belle taille que celui qui croît à l'abri de toute fatigue. Nous pouvons citer un intéressant exemple apporté

(1) Folin (M.-de). *Quelques mots de plus sur les anomalies des Limnées d'Osségor*, in *Bulletin de la Société de Borda*, *Dax*, in-8, 1879 (tirage à part, p. 2).

dans l'allure d'une faune locale par la modification du régime des eaux. Autrefois les eaux de la Saône, à Lyon, étaient fort calmes et n'étaient troublées que par le passage de quelques bateaux à fond plat ou la descente monotone des radeaux de bois ; alors on pouvait trouver, dans Lyon même, sur les bords de l'eau, notamment, de grandes et belles Anodontes atteignant, comme l'*Anodonta Locardi*, jusqu'à 20 centimètres de longueur. Plus tard, avec l'introduction des grands bateaux à vapeur, et surtout depuis l'installation du service si actif des petits bateaux-mouches, les eaux sont, le jour, dans un continuel mouvement ; aussi la faune s'est-elle singulièrement appauvrie, plusieurs espèces ont disparu et les grandes formes d'autrefois ne sont plus représentées que par des sujets de taille beaucoup moindre.

Action mécanique des fonds. — La composition pétrographique des fonds va encore exercer une action mécanique directe sur nos Mollusques aquatiques. Chaque espèce a, comme on le sait, son habitat de prédilection ; les unes se contentent d'une pierre solide pour s'y fixer ; à d'autres, il faut des plantes pour qu'elles puissent grimper le long de leurs tiges ou se reposer à travers les racines ; celles-ci aiment un lit de sable pour s'y reposer ; celles-là se trouvent mieux enfouies dans la vase. Qu'un Mollusque fait pour un habitat donné soit entraîné dans un milieu de nature pétrographique tout différent, sera-t-il pour cela condamné à périr ? Non, sans doute, mais très vraisemblablement il se modifiera. Prenons un jeune Anodonte dont les ancêtres vivent dans la vase et transportons-le sur un fond de gravier ; aussitôt son test deviendra plus rugueux, moins lisse, en même temps que sa taille, s'il est encore jeune, restera plus petite.

Il en est de même des Mollusques marins. Ces animaux, suivant qu'ils sont fixés ou mobiles, seront nécessairement plus ou moins soumis aux conséquences de l'allure du fond. La Praire et la Clovisse peuvent émigrer avec une vitesse suffisante si, par suite de circonstances imprévues, la nature du fond sur lequel elles ont élu domicile vient à se modifier assez lentement. Mais les Mollusques qui se fixent et s'attachent dès leur jeune âge, comme l'Huître et la Moule, ne pouvant plus se déplacer d'eux-mêmes, auront à redouter des fonds mobiles susceptibles de les envahir. Jamais un banc d'Huîtres ne pourra prospérer dans la vase ; on a vu des bancs naturels disparaître complètement sous l'envahissement des fonds ou même d'autres Mollusques ; des bancs d'*Ostrea edulis*, ont été étouffés par d'autres bancs d'*Ostrea angulata*, plus prolixes et plus robustes, ou par des Moules, dont le byssus enserrait leurs valves. Un peu de vase ou de sable introduit dans l'intérieur des valves de l'Huître engendre chez cet animal de graves maladies.

Si le courant est trop fort, il entraîne avec lui des sables, des graviers, qui viennent frotter et érailler le faible épiderme de la coquille. C'est dans les milieux, à courant un peu rapide, que se trouvent toujours les Nayades à test épais, suffisamment solide pour pouvoir résister à cette usure continuelle ; en même temps leur épiderme est souvent corrodé, arraché même par place chez les vieux sujets ; dans tous les torrents qui coulent sur les flancs du plateau central, les Unios et les Anodontes offrent un aspect assez particulier qui permet de les distinguer très facilement des autres Nayades de la plaine. Celles-ci, vivant dans des eaux moins agitées, peuvent avoir le test plus mince et l'épiderme plus brillant. C'est pour ces différentes raisons qu'on ne trouve qu'accidentellement des Anodontes dans les grands cours d'eaux, ou du moins dans leurs parties rapides, alors que les Unios au test plus épais peuvent y vivre dans de meilleures conditions.

Certains Mollusques semblent choisir le milieu sur lequel ils iront se fixer, et souvent même leur propre galbe est modifié suivant la nature ou le profil de ce milieu. Ce sont, en général, les Mollusques dont les formes sont les moins bien définies et les moins fixes, qui se prêtent le mieux à de telles adaptations. Les Vermets, les Huîtres, les Spondyles, les Anomies et même certains Pectens identifient complètement leur surface d'attache avec le milieu sur lequel ils se fixent. Et non seulement le galbe ou l'ornementation de la valve adhérente sont modifiés, mais même la valve libre reflète l'ornementation ou les accidents de la valve fixe. Il n'est pas rare de voir des Anomies fixées sur les *Pecten maximus* et *Jacobæus* porter sur leurs deux valves les empreintes des côtes du Peigne. Nous avons observé un *Ostrea Stentina* dont les deux valves portaient la trace des côtes étroites d'un gros *Pecten varius*, sur lequel sa valve inférieure s'était fixée. On connaît le singulier changement qu'éprouve le *Pecten distortus* durant sa vie ; tant qu'il est jeune, il vit librement et se développe avec une parfaite régularité ; mais, à un moment donné, sa valve inférieure se fixe, son sinus byssigène s'atrophie, et le reste de la croissance se fait avec d'autant plus d'irrégularité que le corps sur lequel il a élu domicile est lui-même plus irrégulier. Ces modifications chez certaines espèces sont parfois tellement radicales que l'on a édifié à leur propos des espèces et même un genre, alors qu'il ne s'agit en somme que d'une simple influence du milieu.

Ces modifications apportées dans l'allure du test des coquilles adhérentes sont des plus singulières. Que la valve fixe, celle qui repose directement sur le point d'appui en reproduise toutes les inégalités, rien de plus juste; mais le fait de retrouver ces mêmes modifications reproduites sur la valve mobile avec une aussi parfaite symétrie, alors que l'intérieur des deux valves reste lisse, est chose, on le comprendra, assez étrange. Outre ce qui se passe chez les Mollusques vivants, nous en avons vu de nombreux et très curieux exemples dans la belle collection de fossiles jurassiques de M. Beaudouin, de Châtillon-sur-Seine.

Voici comment ce savant naturaliste explique ce fait : « Les premières couches de matière solide, nous écrit-il, sécrétées pour la constitution de la coquille étant, dès le début, très minces, en raison même des jeunes organes sécréteurs de l'animal, il est tout naturel que la valve fixe reproduise alors, sur sa face interne, les creux et reliefs du corps sur lequel ces premières couches ont été déposées. D'un autre côté, la valve libre n'étant dans le tout jeune âge, séparée de la valve fixe que par un intervalle très faible, (le corps de l'animal est alors excessivement mince), il s'en suit que cette valve libre, a pu naturellement se mouler sur la valve fixe et reproduire, sur sa face externe, tous les détails de la face interne de celle-ci.

Mais, à mesure que l'animal croissait, les couches se déposaient plus abondantes et plus épaisses sur la face interne de chacune des valves. Elles y ont ainsi, d'abord empâté, puis effacé complétement les détails des creux et reliefs primitifs, et fini par produire des surfaces lisses. D'un autre côté, la face externe des deux valves, n'étant pas en contact avec les organes sécréteurs n'a pu recevoir de ceux-ci aucun dépôt, et a ainsi tout naturellement conservé son modelage primitif. »

Profondeur des eaux. — La profondeur du liquide sous lequel vivent les Mollusques pourra également exercer sur eux une influence notable. Nous savons déjà que, dans la mer, la faune des eaux profondes diffère très notablement de la faune des eaux superficielles. On a vu, en effet, que les corps, à mesure qu'ils s'enfoncent dans l'eau, sont soumis à une pression qui est égale au poids du volume d'eau obtenu en multipliant sa surface immergée par la hauteur de l'eau au-dessus d'elle. L'eau n'étant que très faiblement compressible, cette pression augmente d'une manière sensiblement constante en profondeur.

Sur 1 décimètre carré, par chaque 1.000 mètres de profondeur, cette pression s'élève à 10.850 kilogrammes. On peut se demander dès lors, si les êtres appelés à vivre dans ces étranges milieux peuvent se comporter de la même façon que ceux qui sont au voisinage de la surface. « La pression, dit M. E. Dollo, n'agit pas sur les animaux abyssaux, parce qu'elle les pénètre, même sur les poissons à vessie natatoire, sauf que chez chacun de ceux-ci la vessie ne communique pas avec le tube digestif. Mais la plus grande tension des gaz dissous, que produit la pression, est probablement cause de la simplification et de la régression de l'appareil branchial chez les Ascidies et les Mollusques pélécypodes (1). »

En eau douce, les faunes profondes étudiées jusqu'à ce jour, sont loin d'atteindre des limites pareilles à celles que nous observons dans la mer. M. le professeur Forel qui a fait une étude spéciale de la faune profonde du lac de Genève (2) a pu récolter, à des profondeurs variant de 25 à 300 mètres, des Pisidies qui ont été étudiées par M. S. Clessin. Ce savant auteur a constaté que le nombre des espèces qui vivaient dans ces conditions était fort restreint ; mais, en outre, ces espèces, au nombre de cinq seulement, se distinguaient de leurs congénères par leur taille exiguë et par la simplification considérable du mécanisme de la charnière ; l'une d'elles, le *Pisidium urinator*, ne présente qu'une seule dent latérale à chaque charnière. Comme le fait observer M. S. Clessin (3), ces Mollusques « n'ont pas besoin de déployer de la force musculaire pour résister aux mouvements de l'eau ; ils doivent, en conséquence, présenter un échange organique moins considérable ; ils ont besoin d'une source de nourriture moins grande ; avec une ali-

(1) Dollo (E.). *La vie au sein des mers*, Paris, 1891, 1 vol. in-12, p. 288.

(2) Forel. *Matériaux pour servir à l'étude de la faune profonde du lac Léman*, in *Bulletin de la Société vaudoise des sciences naturelles*, 1874-1876.

(3) Clessin (S.). *Les Pisidiums de la faune profonde des lacs Suisses*, *Loc. cit.*, t. XIV.

mentation plus pauvre, ils sont cependant en état de subvenir au peu de fonctions physiologiques, moins surexcitées que si elles devaient agir dans un milieu plus agité. » Les mêmes faits s'observent également chez les coquilles des Mollusques marins de la faune abyssale ; chez la plupart des Acéphales, le mode de fermeture de la charnière est comme simplifié.

Mais sans atteindre des limites aussi extrêmes, un simple changement dans la hauteur de l'eau peut amener des modifications dans l'allure du Mollusque. Et d'abord, les Gastropodes qui vivent dans des eaux susceptibles, à un moment donné, de se dessécher, pendant un certain temps, et qui, pour fuir pareille calamité sont réduits à s'enfoncer plus ou moins profondément dans la vase, auront la taille toujours petite, le galbe ramassé, les tours moins nombreux. M. le docteur Baudon (1) a observé, d'autre part, que chez le *Pisidium pulchellum* la taille était modifiée par un niveau de l'eau plus ou moins élevé, comme aussi par la qualité du liquide; les individus sont plus petits lorsque les eaux qu'ils habitent sont exposées aux dessèchements et comblées insensiblement par le limon; les plus beaux échantillons, au contraire, vivent au fond des fossés dont le niveau ne subit pas de modifications. Ces mêmes observations s'appliquent à presque toutes les coquilles vivant dans les eaux douces.

Action mécanique des végétaux. — Il existe encore un grand nombre d'actions mécaniques qui peuvent exercer leur influence sur le développement des Mollusques. Nous n'entreprendrons pas d'en faire la longue nomenclature. Toutefois, nous en citerons notamment un exemple qui a une application directe sur l'élevage des Mollusques comestibles, et plus particulièrement dans l'Ostréiculture.

(1) Baudon (A. Dr). *Réflexions sur les Pisidies*, in *Journal de conchyliologie*, Paris, 1853, t. IV, p. 394.

Certains Mollusques aquatiques recherchent toujours de préférence les eaux au sein desquelles se développe une végétation riche et variée, aussi bien en eau douce qu'en eau salée. On sait, par exemple, que toute une belle faunule se plaît dans ces grandes prairies sous-marines qui s'étendent jusqu'à 28 mètres de profondeur. Mais si, par suite d'une cause quelconque, cette végétation devient par trop envahissante, elle entravera la croissance des Mollusques qui ne pouvant y circuler, ralentiront leurs mouvements, pourront même retarder le moment où certains d'entre eux viennent à la surface puiser l'air nécessaire à leurs fonctions respiratoires. Une action mécanique s'exercera sur eux, qui aura pour effet de modérer leur développement, de le gêner même, de favoriser les espèces aux formes allongées plus que celles qui sont arrondies ; les espèces coniques, plus aptes à vaincre la résistance opposée par les entrelacements d'une trop abondante végétation, résisteront mieux que les Planorbes aux formes élargies, lorsqu'il s'agira de venir respirer à la surface de l'eau. Cette action mécanique des végétaux sur les Mollusques des eaux douces, a été observée par MM. Louis Piré et van den Broeck ; ils ont constaté qu'elles donnent particulièrement naissance à une série d'anomalies ayant toutes tendances à la scalarité (1).

Différentes plantes sont susceptibles de s'attacher sur le test des Mollusques. Certaines algues, comme le mœrl *(Ulva lactuca)* et l'herbe à perruque *(Ceramium rubrum)*, nuisent indubitablement au développement de la coquille ; parfois même, sous l'influence de courants un peu énergiques, ou lorsque les vagues agitent trop fortement la mer, les Mollusques ainsi surmontés d'un lourd panache, sont entraînés au loin. Les

(1) Piré (Louis), *Notices sur le Planorbis complanatus, in Ann. Soc. Mal.*, Belgique, 1871, VI.

Broeck (E. van den), *Considérations sur les déviations scalariformes des Planorbes complanatus de la marc de Magnée*, Bruxelles, 1872. 1 br. in-8.

ostréiculteurs connaissent bien de tels ennemis. Ils ont encore à redouter dans leurs installations la présence d'une conferve qu'ils désignent sous le nom de limon vert. Si l'on n'y prend pas garde, ce limon vert finit par envahir les parcs ; la surface du bassin se recouvre d'une épaisse couche feutrée d'une teinte vert foncé, qui croît avec une extrême rapidité ; non seulement ce limon intercepte les rayons solaires nécessaires à la bonne éducation de nos Mollusques, mais il finit par les enlacer dans ses fils et entraver leur développement.

INFLUENCES PHYSIOLOGIQUES

Anomalies et monstruosités. — Tous les êtres de la nature, en vertu d'influences physiologiques, la plupart du temps mal définies, sont sujets à des anomalies ou à des monstruosités, les unes simples, les autres plus ou moins complexes. Nous n'avons nullement l'intention de traiter ici à nouveau la tératologie malacologique ; nous nous sommes déjà, dans un autre travail (1), suffisamment étendu sur ce sujet. Quant à l'origine, ou mieux, à la cause de ces accidents, le plus généralement non héréditaires, les uns ont pour point de départ une lésion, une blessure, une gêne quelconque dans le développement ; dans ce cas, l'anomalie porte plus particulièrement sur la coquille ; les autres ont une cause organique qui engendre une véritable monstruosité, manifeste aussi bien sur la coquille que chez l'animal lui-même. Mais il est un fait fort curieux et que nous ne pouvons passer sous silence, c'est le degré comparatif de ces cas tératologiques dans les diverses faunes.

La faune terrestre du système Européen, présente de très fréquentes anomalies, et même des monstruosités relativement

(1) Locard. *Études sur les variations malacologiques*, Paris-Lyon, 1880-1881, t. II, p. 471.

nombreuses ; les accidents locaux, et cela peut se concevoir aisément, sont plus fréquents dans cette faune et donnent naissance à des anomalies de toutes sortes; les cas plus complexes d'allongement de la spire, de scalarisme, d'inversion, n'y sont point rares. Nous en avons rapporté de nombreux exemples. Chez les Mollusques des eaux douces, ces faits sont déjà bien moins fréquents; on trouve de temps en temps, des Unios ou des Anodontes déformés par suite d'une pression accidentelle exercée sur la coquille durant son jeune âge; mais les inversions, par exemple, chez les Gastropodes des eaux douces sont infiniment plus rares que chez les Gastropodes terrestres. Enfin, les Mollusques marins, plus abrités contre toute attaque, et surtout parce qu'ils vivent dans un milieu beaucoup plus tranquille, ne nous présenteront plus que de rarissimes cas d'anomalies; on ne peut citer que quelques exemples tout à fait isolés de monstruosité de Mollusques marins. Les cas tératologiques vont donc en diminuant de fréquence et d'importance, à mesure que l'on passe de la faune terrestre à celle des eaux douces, et de celle-ci à celle des eaux salées. Comme corollaire, rappelons que nous avons déjà montré que la faune marine était celle qui présentait le moins de variations.

Apparition et disparition des espèces. — Après tout ce que nous avons dit, on peut concevoir facilement l'apparition d'une espèce, et partant d'un genre nouveau. Sous une de ces influences multiples que nous avons passées en revue, une forme donnée se modifie; cette modification plus ou moins complexe devient héréditaire, et voilà une espèce qui prend naissance.

Mais, dira-t-on, ces modifications véritablement incontestables, sont-elles suffisantes pour engendrer ce que l'on nomme des *Espèces?* ne vont-elles pas simplement donner naissance à des *Variétés?* à cela nous répondrons : qu'est-ce donc que l'Espèce, surtout lorsqu'il s'agit d'animaux inférieurs ? Ce que l'on conçoit bien s'énonce clairement, a dit le poète ; il faut croire que les naturalistes ont encore une conception bien incomplète de l'Espèce, puisqu'ils n'ont jamais pu se mettre d'accord avec les philosophes sur sa définition ; chacun a la sienne, et aucune n'est réellement satisfaisante. M. de Quatrefages (1) en cite, pour sa part, une vingtaine empruntées aux maîtres les plus célèbres, et comme aucune ne lui semble bonne, il ajoute encore la sienne !

L'Espèce n'est donc en somme qu'une donnée purement arbitraire ; il n'y a pas d'Espèces, à proprement parler dans la nature ; il y a des êtres présentant entre eux une plus ou moins grande similitude, donnant naissance à d'autres êtres qui leur ressemblent plus ou moins ; mais rien, absolument rien ne nous dit où commence l'Espèce et où elle finit. Pour les besoins de sa cause, le naturaliste a éprouvé la nécessité d'établir des divisions dans les êtres qu'il voulait étudier ; mais ces divisions sont absolument conventionnelles, et parmi elles se trouvent l'Espèce et la Variété, tout aussi bien que la Tribu, la Famille, l'Ordre, etc.

Ce qui existe réellement ce sont les êtres ; ces êtres ont des formes, et nous croyons avoir suffisamment démontré que ces formes sont éminemment variables. Mais ces variations sont plus ou moins complexes ; nous dirons donc, toujours pour les besoins de la cause, que si ces variations sont simples, éphémères, elles ne donneront naissance qu'à des Variétés ; si au contraire, elles sont assez complexes pour dénaturer les formes de l'être, et si elles sont héréditaires, elles auront engendré des Espèces nouvelles. Pour tout le monde, l'*Unio rhomboideus* est une belle et bonne espèce ; en changeant la nature de son milieu nous en faisons des *Unio rathymus*, *rotundatus*, *Bigor*-

(1) De Quatrefages, *Darwin et ses Précurseurs*, p. 227.

riensis, *Pacomei*, *etc.*, qui ont exactement la même valeur spécifique, c'est-à-dire la même somme de caractères différentiels. Chacun reconnaît que le *Limnæa stagnalis* est une autre espèce tout aussi bien définie; or nous pouvons en faire des *Linnæa turgida*, *elophila*, *raphidia*, *etc.*, toujours de même importance spécifique, en le transportant dans des milieux de natures différentes. Aurons-nous fait des *Espèces* nouvelles? peu nous importe; mais il est incontestable que nous aurons institué des *formes* qui auront une somme de caractères de même nature, de même importance, de même constance que ceux que l'on a coutume d'attribuer à ce que l'on nomme l'*Espèce*. En résumé, de la nature du milieu dépendra la nature de l'Espèce; mais comme ces modifications ne peuvent se produire qu'au bout d'un certain temps, nous dirons donc avec M. Bourguignat (1) : « l'Espèce est relative, sous la double influence du temps et des milieux. »

Mais pourquoi l'espèce disparaît-elle à un moment donné? Il est d'abord facile d'admettre que si le milieu dans lequel elle vit se modifie par trop, l'espèce en question ne pourra pas toujours s'y fixer et sera nécessairement condamnée à disparaître. Mais dans d'autres cas, c'est par suite d'une action physiologique directe que l'espèce ou même le genre disparaît. Il nous suffirait de passer en revue la faune fossile pour en trouver de nombreux exemples; là, tour à tour, des formes nouvelles apparaissent et disparaissent; c'est un des effets de la loi des enchaînements, dont les mailles s'égrènent lorsqu'elles sont trop usées.

Mais voici une étrange remarque; ce ne sont pas toujours, comme on serait naturellement porté à le croire, les genres ou les espèces les plus pauvres en sujets qui disparaissent plus volontiers; ce sont au contraire les colonies les plus

(1) Bourguignat, *Matériaux pour servir à l'histoire des Mollusques acéphales*, 1880-81, I, p. 97.

populeuses qui semblent tout à coup s'anéantir. Quoi de plus abondant que la Gryphée dans les dépôts jurassiques inférieurs? Elle trouve là un milieu qui lui est éminemment favorable, elle s'y développe à l'époque Sinémurienne avec une telle abondance que nous retrouvons des bancs entièrement remplis de cette *Gryphæa arcuata;* puis tout à coup elle disparaît brusquement; après elle, viennent encore d'autres Gryphées mais en bien moins grande abondance, comme les *Gr. cymbium, obliqua, gigantea,* et le genre disparaît. La paléontologie est remplie de ces pages où sont écrites pareilles histoires pour les Ammonites, les Rudistes, les Brachiopodes, etc.

Dans la faune vivante, nous allons citer un exemple absolument analogue, qui s'est passé sous nos yeux et qui nous permettra de donner une explication de ces singulières dispositions de la nature. Dans un terrain d'alluvions des environs de Lyon, on vient à ouvrir une carrière pour en extraire le cailloutis nécessaire aux travaux de remblais que la Compagnie P.-L.-M. fait exécuter dans le voisinage. La carrière étant assez profonde, il se forme, par infiltration dans le fond, une petite mare d'eau d'une centaine de mètres de longueur. Un beau jour, nous y constatons la présence d'une colonie de *Physa acuta;* quelle en était l'origine? sans doute quelque oiseau aquatique y avait apporté les premiers germes, sous forme d'un paquet d'œufs attaché à ses pattes; quoi qu'il en soit, ce fut une véritable apparition spontanée, car à plus d'un kilomètre de là il n'existait pas de colonies de cette même Physe. Évidemment, le milieu nouveau lui convint d'une manière toute particulière, car dès l'automne suivant elle abondait tellement qu'après une baisse des eaux, on ne pouvait faire un pas sur les bords de la mare sans écraser des quantités de coquilles. Un an s'écoule et nous observons pour la première fois dans notre colonie des anomalies nombreuses, toutes ou presque toutes portant sur l'ouverture: le péristome est contourné, renversé, précédé de saillies, etc. A l'automne, ces anomalies sont très nombreuses ; mais dès le printemps suivant, et sans qu'absolument rien d'anormal soit survenu durant l'hiver, notre riche colonie avait totalement disparu.

La conclusion que l'on peut tirer de ces faits, c'est que lorsqu'une forme trouve un milieu qui lui est plus particulièrement propice, elle s'y développe avec plus de rapidité, plus d'abondance que dans un autre milieu moins favorable ; mais en même temps, par suite de cette sorte de surexcitation anormale dans la création, il en résulte une dégénérescence dans la race; de là ces anomalies ou tout au moins ce polymorphisme excessif qui précède la fin d'une colonie ; la race s'épuise rapidement et ne tarde pas à disparaître. N'est-ce pas exactement ce que nous observons d'une manière tout aussi frappante dans ces dépôts à Vivipares du miocène ; à l'origine, la forme de ces coquilles est simple, et en même temps, on n'en trouve qu'un nombre pour ainsi dire limité dans chaque station ; puis à un moment donné, chaque espèce se multiplie avec une prodigalité qui semble n'avoir point de bornes ; des bancs entiers en sont pétris ; mais les formes ne sont plus si simples ; chaque tour porte des bourrelets, des carènes, des cordons ; le type normal se complique, s'anomalise et bientôt la race disparaît. C'est donc une loi nouvelle à formuler dans la succession des êtres ; toutes les fois qu'il y a excès ou surabondance de procréation d'un type donné dans un milieu trop restreint, les anomalies ne tardent pas à apparaître ; elles précèdent l'extinction du type et de ses dérivés dans ce même milieu. On remarquera que cette loi s'applique plus particulièrement aux Mollusques aquatiques. Car en effet, on peut admettre qu'il en est des Mollusques terrestres comme des hommes ; s'ils sont trop nombreux sur un point donné, ils émigrent et se dispersent ; tandis que les animaux aquatiques vivant dans un aréa plus limité, surtout lorsqu'il s'agit des Mollusques des eaux douces, ne pourront émigrer, et leur évolution complète, définitive s'accomplira forcément sur place.

Conditions de reproduction. — Ainsi que nous venons de le voir, les conditions de reproduction pour les Mollusques sont limitées en vertu de lois sages qui empêchent l'envahissement par trop complet d'une espèce dominante. Les espèces comme les individus s'épuisent toutes les fois qu'il y a eu un trop rapide excès dans la procréation. Mais tous les Mollusques ne se reproduisent pas de la même façon ; chez la plupart des Lamellibranches, les sexes sont réunis sur un seul individu ; ils sont androgynes, mais ne s'accouplent pas ; comme l'a fait observer M. le Dr P. Fischer, chez eux, l'hermaphrodisme suffisant est fort rare (1). Les Ptéropodes, les Gastropodes pulmonés et les Opisthobranches sont également androgynes et s'accouplent, tandis que les sexes sont séparés sur chaque individu chez les Prosobranches et les Céphalopodes.

Etant donné les différents modes de reproduction des Mollusques, on peut se demander si un plus grand polymorphisme n'est pas imputable à l'un de ces modes. « Lorsqu'il s'agit des animaux, dit M. le Dr Saint-Lager (2), on obtient des résultats plus rapides au moyen des unions consanguines. Cette dernière précaution est inutile dans le cas des plantes hermaphrodites qui étant autogames, c'est-à-dire capables de se féconder elles-mêmes, possèdent au plus haut degré la faculté de transmettre à leur progéniture les caractères qu'elles possèdent. L'autogamie des plantes hermaphrodites est probablement une des causes du polymorphisme excessif des végétaux, comparé à la variabilité des animaux supérieurs à l'état de liberté, puisque les variations ont plus de chance de se per-

(1) Fischer (P. D[r]). *Manuel*, p. 78.
(2) Saint-Lager (D[r]). *In Cariot*, *Botanique élémentaire*, 8e édition, revue et augmentée par le Dr Saint-Lager, Lyon, 1884, préface, page XIV.

pétuer chez les premiers que chez les seconds. Il est digne de remarque, que les espèces animales les plus polymorphes, bien que n'étant pas autogames, comme la plupart des plantes, sont cependant androgynes à fécondation réciproque. Tel est par exemple le cas des Mollusques Gastropodes pulmonés et Opisthobranches, et aussi des Mollusques Ptéropodes. » Nous ajouterons que d'après ce que nous savons aujourd'hui à propos des Lamellibranches, ce serait bien les animaux androgynes et non autogames qui donneraient sujet au plus grand nombre de variations; mais d'après l'histoire des temps passés, comme d'autre part les Céphalopodes ont eu à leur moment un polymorphisme presque aussi excessif que celui que nous voyons aujourd'hui chez les Lamellibranches, nous estimons que ces questions de polymorphisme extrême sont plus encore subordonnées au nombre d'œufs qui prennent naissance, qu'au mode de fécondation en lui-même. Il est bien certain que les chances de polymorphisme sont en raison directe du nombre de sujets qui sortiront dans une même portée.

Mais chez les Mollusques à sexes séparés nous constaterons des différences appréciables entre les animaux mâles ou femelles, tout comme chez les animaux supérieurs. Déjà M. Reynès en étudiant les Céphalopodes fossiles était arrivé à distinguer par leur taille plus forte, leur galbe plus renflé, leurs tours plus gros et plus ventrus, leur ornementation plus sobre, les *Ammonitidæ* mâles ou femelles; aujourd'hui encore, nous observons que les individus mâles de nos Céphalopodes sont plus petits que les femelles. Chez les Gastropodes, la coquille du *Lamellaria tentaculata* qui n'est autre que le mâle du *Lamellaria perspicua* est également plus petite et plus déprimée.

Nourriture et jeûne. — Tous les Mollusques ne se nourrissent pas de la même façon ; il en est d'herbivores, de carnassiers et d'omnivores. Cet animal sait choisir ce qui lui convient le mieux, car dans le nombre, il est des aliments qu'il préfère; il suffit pour s'en convaincre d'examiner les dégâts qu'il cause dans un jardin; il choisit les plantes tendres, les jeunes pousses aux sucs doux et aqueux, plutôt que les essences un peu fortes; il dévorera les feuilles de la salade, avant de toucher aux céleris ou aux artichauds; il aimera mieux dans les bois la tendre feuille de la charmille, que celle du buis ou du pin. De même, s'il se contente de détritus végétaux, on le trouvera plus volontiers sur les essences de bois de sapin ou de tilleul plutôt que sur celle du chêne ou du châtaigner. Dans nos aquariums ce n'est qu'après avoir dévoré les feuilles de salade ou les lentilles d'eau qu'il s'attaque aux tiges plus coriaces des conferves.

Quelques Mollusques, notamment des Gastropodes terrestres, font élection de domicile au pied de certaines essences végétales, et si l'on vient à supprimer la plante, il peut en résulter une modification dans le mode d'ornementation du Mollusque. Nous avons vu disparaître aux environs de Paris toute une colonie d'*Helix nemoralis* à bandes soudées, en même temps que l'on arrachait les vieux pommiers d'un jardin sur lesquels ils avaient élu domicile. Tout changement de nourriture par trop radical, ou tout jeûne anormal pourront exercer une influence notable sur la manière d'être du Mollusque; avec les Gastropodes, une abondance de nourriture bien choisie se traduira par un développement rapide et régulier, si toutefois les autres conditions nécessaires ne s'y opposent pas; avec les Lamellibranches, comme l'a fait observer M. Baudon (1), on obtiendra des formes plus constantes, plus régulières, avec des sommets et des crochets plus saillants. Mais toute privation de nourriture, en dehors du temps prévu de l'hivernation, aura

(1) Baudon (A. Dr). *Réflexions sur les Pisidies, in Journal de conchyliogie*, Paris, 1853, t. IV, p. 394.

pour effet un arrêt forcé dans le développement. L'expérience est facile à faire : des Limnées dans un aquarium se développeront toujours mieux, si elles sont bien entretenues, que les autres individus de même espèce, abandonnés dans la mare voisine. On peut, à plusieurs reprises, arrêter pour reprendre l'alimentation du Mollusque ; et chaque reprise, si elle est suffisamment importante, se traduira sur la coquille, lorsqu'elle n'est pas encore adulte, par une ligne bien visible, parallèle au péristome.

Dans certaines circonstances, ce jeûne peut avoir sa raison d'être. Nous voulons parler du jeûne que l'on fait subir aux Mollusques Gastropodes domestiqués, ou mieux employés pour l'alimentation. En effet, la plupart peuvent impunément, du moins pour eux, se repaître des substances toxiques les plus dangereuses, sans en paraître le moins du monde incommodés. On voit souvent les *Helix hispida* ou *plebeia* circuler sur les plantes d'orties sans qu'ils aient à redouter l'action irritante de leur contact. Les *Helix carthusiana* et *H. fruticum* recherchent les jeunes pousses et les fleurs de l'aconit napel ; M. Récluz a observé (1) que les Limaciens rongeaient souvent certains champignons des plus vénéneux, comme les *Agaricus muscorius* et *A. phalloïdes*. Une fois la digestion parachevée chez ces Mollusques, on peut sans danger les absorber ; mais il n'en serait pas de même si l'on s'avisait de les manger, alors qu'ils renferment encore dans leur intérieur de tels principes noscifs. Plusieurs cas d'empoisonnement par les Escargots ont été observés, et toujours ils avaient lieu à la suite d'ingestions de Mollusques qui n'avaient pas subi un jeûne suffisant.

Cette sorte d'immunité des Mollusques pour certains poisons très toxiques est des plus remarquables ; elle est du reste commune à un certain nombre d'animaux inférieurs sur lesquels on

(1) Récluz. *Observations sur le goût des Limaces pour les champignons*, in *Revue zoologique*, Paris, 1841, p. 307.

peut impunément expérimenter. Mais par suite de circonstances que nous ne saurions expliquer, quelques poisons agissent d'une manière différente sur les Mollusques. M. le Dr Raphaël Dubois a bien voulu nous communiquer son cahier d'observations à ce sujet, et nous y relèverons les exemples suivants : l'*aconitine* paraît sans action sur l'Escargot, mais abolit rapidement le mouvement volontaire chez la Limace. La *caféïne* n'agit pas non plus sur l'Escargot mais tue la Limace à la dose de 1 centigramme. L'Escargot est tué par 2 centigrammes de *strychnine*, tandis qu'il en faut 5 pour la Limace. La *brucine* est plus active que la strychnine chez l'Escargot et moins chez la Limace. L'*atropine* paraît sans action sur l'Escargot et sur les Lamellibranches; elle tue la Limace à la dose de 1 centigramme; elle est sans action sur les Anodontes, le *Mya armaria* et le *Solen ensis*. Le *curare* a plus d'action sur les Gastropodes que sur les Lamellibranches; etc.

Hivernation. — L'hivernation est un des actes les plus importants dans la vie des Mollusques ; et pourtant tous n'hivernent pas. Ceux qui comme les Mollusques marins vivent dans un milieu constant, sont dispensés de cette demi-mort, durant laquelle toutes les fonctions vitales semblent suspendues. Lorsque les froids arrivent, le Gastropode terrestre qui a survécu à l'automne, commence aussitôt à se choisir une retraite profonde dans laquelle il se tiendra dans la plus complète immobilité tant que durera la mauvaise saison. Quelques Mollusques comme l'*Helix pomatia*, l'*H. tristis*, le *Cyclostoma elegans*, *etc.*, s'enterrent parfois profondément pour ne reparaître qu'avec les premières pluies tièdes du printemps. Pour mieux se clore encore, notre animal sécrète un épiphragme qui fermera complètement son ouverture, et le voilà qui s'endort jusqu'au retour de la belle saison. Parfois même on rencontre dans le sol de véritables colonies de Mollusques,

Hélices, Bulimes, Cyclostomes, hivernant de compagnie sans qu'il y ait entre eux la moindre communication. Si à la fin de la belle saison, le Mollusque déjà malade et prématurément épuisé n'a pas la force nécessaire pour sécréter son épiphragme, il appliquera son ouverture sur un corps solide voisin, une pierre ou même la coquille d'un autre Mollusque, et n'aura plus alors qu'à fournir la matière nécessaire pour achever une occlusion périphérique de bien moins grande taille que s'il lui fallait sécréter son épiphragme en entier. Il existe donc des épiphragmes partiels ou incomplets.

Une fois ainsi enfermé, le Mollusque hiverne à la façon de la Marmotte ou des autres Mammifères ; alors toutes les fonctions vitales subissent un ralentissement plus ou moins considérable. Si l'hiver est long et rigoureux, pour se mieux clore, notre animal battra en retraite dans sa demeure et sécrétera un second et même un troisième épiphragme, formant ainsi autant de chambres ou de matelas protecteurs. Mais les Gastropodes terrestres n'ont pas seuls le monopole de l'épiphragme. Les Planorbes et même quelques Limnées peuvent également se masquer derrière ce voile protecteur; alors, comme ils n'hivernent pas, c'est pendant l'été qu'ils le sécrètent, quand le niveau de la mare ou de l'étang qu'ils habitent menace de baisser au point de les laisser à sec. Il va sans dire que le Mollusque qui a hiverné trop longtemps, sera plus faible que celui qui n'aura passé qu'un temps relativement court dans ces conditions; dès lors, s'il ne se trouve plus au printemps en situation de réparer activement le temps perdu, il sera de taille plus petite que ses congénères, et pour le moins sera exposé à avoir une moins grande longueur de spire.

On peut, du reste provoquer artificiellement l'hivernation ou la supprimer; il suffit dans le premier cas de mettre le Mollusque dans un milieu suffisamment froid ou suffisamment sec ; dans ces conditions, il ne tardera pas à sécréter un premier épiphragme puis un véritable opercule protecteur. Inversement, on empêchera au moins partiellement l'hivernage, en entretenant convenablement le Mollusque durant la mauvaise saison. Cette nécessité d'hiverner pour l'animal qui vit en liberté, et qui est propre à la plus grande partie des Mollusques terrestres nous démontre que tous les Mollusques sont constitués de telle manière qu'ils ont besoin pour vivre d'un équilibre constant de température et d'humidité; les Mollusques terrestres, plus mal partagés sous ce rapport que leurs congénères rachètent par l'hivernage de tels inconvénients, tandis que les Mollusques marins plus favorisés, peuvent impunément s'en dispenser. Il est donc de toute probabilité que les premiers Mollusques ont dû être aquatiques, et que ce n'est que par dérogation qu'ils sont devenus terrestres.

Commensaux et parasites. — Un mot seulement sur cette question encore bien mal étudiée ; comme presque tous les autres animaux, les Mollusques ont des commensaux et des parasites; mais à vrai dire, on n'en connaît encore que quelques-uns. Les anciens écrivaient déjà que la grande Pinne de la Méditerranée donne asile à un Crustacé ; plusieurs Arachnides ont été observées dans les valves des Unios et surtout des Anodontes ; ce sont là de vrais commensaux qui semblent vivre en bonne harmonie avec les Mollusques, et qui ne paraissent avoir aucune influence sur eux. Mais en est-il bien de même de ces Trématodes ou vers plats, dont les larves vivent dans les Mollusques aquatiques, et dont les individus sexués et plus parfaits se retrouvent chez les Vertébrés ? C'est une question à résoudre. Mais quoi qu'il en soit, il ne nous semble pas que les Planorbes infestés du *Cercaria ephemera*, *ornata* ou *armata*, les Limnées avec les *C. armata*, *brunnea*, les Vivipares avec le *C. echinifera*, les Sphæries avec le *C. diplocotyles*, les Succinées avec le *Leucochloridium paradoxum*, les Unios et les Anodontes avec l'*Aspidogaster conchiola*, etc., soient en bien plus mauvais état que d'autres sujets absolument indemnes de tout hôte parasitaire. Si les Mollusques ont leurs ennemis, et certes, ils ne sont que trop nombreux (1), ceux-là, n'ont pour effet qu'une diminution de la colonie, mais n'agissent pas d'une manière manifeste sur le développement ou sur les modifications que l'animal et sa coquille peuvent éprouver. Nous ferons toutefois exception pour ces animaux encore bien mal connus qui dans certains cours d'eaux rongent plus ou moins profondément le test des coquilles, notamment des Unios et des Anodontes, en donnant à la région des sommets un faciès dénudé tout particulier et jusqu'à un certain point presque caractéristique pour certaines formes locales.

Domestication. — Nous terminerons cette étude en rappelant ici ce que nous avons dit dans un autre ouvrage (2) à propos de l'influence que la domestication peut exercer sur les Mollusques. Ainsi que nous l'avons démontré, la domestication agit de la même manière sur les coquillages et leurs animaux que sur les autres êtres de la création, même ceux qui occupent un rang plus élevé dans l'échelle zoologique. Avec la domestication on obtient une plus grande rapidité dans l'évolution, en même temps qu'une augmentation du volume des coquillages et partant de l'animal qu'ils renferment; malgré son changement de volume le test est toujours plus régulier, son accroissement se fait d'une manière plus égale, et l'épiderme qui le recouvre est en même temps plus lisse, plus brillant, plus épais et plus adhérent; mais par contre, il se produit un affadissement de la chair. Avec de telles conditions la fécondité est atténuée; mais chez les formes domestiques, on observe que certains caractères inhérents à l'espèce sauvage sont modifiés dans le sens d'une

(1) Locard. *Les Huîtres et les Mollusques comestibles*, Paris, 1890, p. 310 à 347.
(2) *Loc. cit.*, p. 225 à 264.

accentuation encore plus prononcée. En résumé, les modifications que la domestication peut apporter dans les formes spécifiques sont absolument comparables à celles que nous observons chez nos animaux de basse-cour. On peut donc, par l'élevage, obtenir de véritables races bien caractérisées, bien distinctes du type primitif. Mais il resterait à savoir ce qu'une sélection intelligemment pratiquée et poursuivie pendant un temps suffisant donnerait pour des animaux comme nos Mollusques. C'est ce que nous ignorons encore, faute d'expériences suffisantes.

RÉSUMÉ ET CONCLUSIONS

De tout ce qui précède, on peut conclure à l'existence d'un certain nombre de données aujourd'hui bien acquises, soit par l'étude des faits, soit par l'expérimentation, et que nous désignerons sous le nom de lois des origines et des enchaînements malacologiques; nous les diviserons en trois catégories. Les premières sont relatives à l'ensemble de la faune; les secondes ont pour objet les causes qui président à la formation ou à la création des espèces; les troisièmes embrassent tout ce qui est relatif à l'espèce elle-même, telle que nous la comprenons.

Lois des enchaînements. — 1° La faune malacologique, quoique issue d'un même principe d'origine aquatique, peut être divisée en trois catégories basées sur la manière d'être des habitats : 1° faune terrestre; 2° faune des eaux douces ou légèrement saumâtres; 3° faune marine.

2° Les trois faunes terrestre, des eaux douces et marines françaises présentent aujourd'hui des données comparatives;

néanmoins le dernier mot de la science relatif à chacune de ces faunes est loin d'être dit.

3° Il existe des enchaînements parfaitement définis entre les trois faunes et entre chacun de leurs éléments.

4° Dans chaque faune, certaines espèces, familles ou genres, affectent un aréa de dispersion en altitude comme en surface, qu'elles ne peuvent dépasser sans se modifier.

5° L'aréa bathymétrique pour la faune marine est aussi considérable que l'aréa en altitude pour la faune terrestre ; mais dans chaque zone marine les formes sont bien plus localisées.

6° L'aréa de dispersion géographique est sensiblement le même pour toutes les faunes ; on observe des Mollusques sur presque toute la surface habitable du globe.

7° Chaque faune, malgré ses enchaînements, a sa caractéristique basée sur une famille, plus exceptionnellement riche en espèces et en individus.

8° Ces caractéristiques correspondent toujours au maximum de polymorphisme.

9° Elles ne sont constantes ni dans le temps, ni dans l'espace.

10° La faune des eaux douces est celle qui est représentée par le plus petit nombre de familles et de genres ; c'est de nos jours la plus polymorphe de toutes nos faunes.

11° La faune marine est celle qui offre le plus grand nombre de familles et de genres, sans qu'aucun d'eux soit aujourd'hui plus particulièrement polymorphe ; c'est celle qui présente dans son ensemble le plus de fixité.

12° Dans les temps géologiques la faune marine a très souvent montré un genre, une famille ou un ensemble de familles spécialement polymorphes.

Lois des causes. — 1° Toutes les formes malacologiques, quelles qu'elles soient, à quelque faune qu'elles appartiennent, sont susceptibles de présenter des variations plus ou moins complexes.

2° Toutes ces variations ont pour cause une influence exercée par les milieux ou d'origine physiologique.

3° Les influences des milieux, d'origine physique, chimique ou mécanique, ainsi que les influences physiologiques, agissent rarement seules; la plupart du temps, surtout lorsqu'il s'agit de l'influence des milieux, elles se combinent entre elles pour donner naissance à des actions multiples.

4° La domestication agit sur les Mollusques exactement comme sur les autres êtres de la création, à quelque degré de l'échelle zoologique qu'ils appartiennent.

5° Les formes les plus fixes sont celles qui vivent dans les milieux les plus constants.

6° Tout changement dans la nature des milieux peut entraîner une modification plus ou moins complexe dans la faune, soit dans son ensemble, soit dans ses détails.

7° Toute modification trop brusque ou trop radicale dans la nature des milieux peut avoir pour conséquence l'atténuation ou la disparition soit complète, soit partielle de la faune.

8° Les modifications partielles ou de peu d'importance dans les milieux peuvent donner lieu à une modification d'ordre secondaire dans la manière d'être de l'animal et surtout de sa coquille.

9° Tous les Mollusques n'offrent pas le même degré de susceptibilité aux influences qui peuvent agir sur eux.

10° Dans la faune aquatique des eaux douces ou salées, les Lamellibranches sont plus polymorphes que les Gastropodes qui les accompagnent.

11° La faune des eaux saumâtres est plus polymorphe que la faune des eaux franchement douces ou salées.

12° La faune des eaux douces est plus polymorphe que la faune marine ou que la faune terrestre.

13° Dans la faune terrestre, le polymorphisme tend à diminuer avec l'élévation en altitude.

14° La faune terrestre tempérée est plus variable que la faune des pays nettement chauds ou froids.

15° Dans la faune marine, le polymorphisme diminue rapidement, à mesure qu'on s'éloigne du niveau du balancement des marées.

16° La délimitation bathymétrique est toujours plus précise pour les Mollusques marins que la délimitation en altitude pour les autres Mollusques, à cause du dégré de fixité relatif des milieux.

17° Les faunes terrestre et marine ont leur maximum de développement, comme nombre d'espèces et de variétés, au point le plus voisin du niveau de la mer.

18° L'habitat normal d'une espèce est le point où ses colonies sont les plus populeuses, tout en présentant la plus grande fixité.

19° La dispersion, et partant la multiplication des espèces et des genres tend toujours à se faire de l'est à l'ouest et de haut en bas pour toutes les faunes susceptibles d'un déplacement quelconque, soit naturel, soit artificiel.

20° Une faune donnée peut toujours tendre à descendre jusqu'au niveau du sol; jamais elle ne tend à remonter.

21° La dispersion des espèces aquatiques se fait toujours dans le sens du courant des eaux.

Lois des espèces. — 1° L'espèce malacologique est une notion purement arbitraire, indispensable aux naturalistes pour le besoin de la connaissance et de la classification des êtres.

2° Il n'est aucune partie de l'être vivant qui ne puisse varier (de Quatrefages).

3° Il n'y a pas d'espèces absolument fixes; toutes sont susceptibles de présenter un plus ou moins grand nombre de variations de forme ou de coloration.

4° L'espèce est relative sous la double influence du temps et des milieux (Bourguignat).

5° Toutes les espèces, au point de vue du polymorphisme, n'ont pas une égale valeur. Il en est de plus polymorphes les unes que les autres.

6° Les espèces les plus riches en individus sont en général plus sujettes au polymorphisme que les autres.

7° Le polymorphisme est d'autant plus grand que les colonies sont plus populeuses et qu'elles tendent davantage à se déplacer.

8° Les espèces dominantes, c'est-à-dire très répandues dans un vaste habitat, sont les plus variables (Darwin).

9° Les espèces, les genres ou les familles les plus polymorphes sont ceux qui sont destinés à disparaître le plus rapidement.

10° Toutes les fois qu'il y a un excès de procréation d'une espèce donnée dans un milieu limité, les anomalies ne tardent pas à apparaître; elles sont suivies d'une atténuation ou même de l'extinction de l'espèce dans ce même milieu.

11° Les anomalies et monstruosités sont plus fréquentes chez les Mollusques terrestres que chez ceux des eaux douces; elles sont particulièrement rares chez les Mollusques marins; elles sont en rapport direct avec le polymorphisme.

12° Toute influence due aux milieux ou d'origine physiologique pourra donner naissance à ce que l'on nomme conventionnellement une espèce, si son action est suffisante; si elle n'est que secondaire et de peu de durée, elle ne donnera lieu qu'à de simples variétés.

FIN

TABLE

LYON. — IMP. PITRAT, A. Rey, SUCCESSEUR. — 3341

OUVRAGES DU MÊME AUTEUR

Malacologie lyonnaise ou description des Mollusques terrestres et aquatiques des environs de Lyon, d'après la collection A.-P. Terver, 1 vol. gr. in-8. Lyon, 1877. 6 fr.

Description de la faune des terrains tertiaires moyens de la Corse (Description des Echinides par G. Cotteau), 1 vol. gr. in-8 avec 17 planches sur chine. Lyon, 1877. 25 fr.

Note sur les migrations malacologiques aux environs de Lyon, 1 br. gr. in-8. Lyon, 1878. 1 fr. 50

Description de la faune de la Mollasse marine et d'eau douce du Lyonnais et du Dauphiné, 1 vol. gr. in-4 avec planches. Lyon, 1878. 40 fr.

Description de la faune malacologique des terrains quaternaires des environs de Lyon, 1 vol. gr. in-8 avec planches. Lyon, 1879. 12 fr.

Nouvelles recherches sur les argiles lacustres des terrains quaternaires des environs de Lyon, 1 br. gr. in-8. Lyon, 1880. 2 fr. 50

Etudes sur les variations malacologiques d'après la faune vivante et fossile de la partie centrale du bassin du Rhône, 2 vol. gr. in-8 avec planches. Lyon, 1880-81. 35 fr.

Catalogue des Mollusques vivants, terrestres et fluviatiles du département de l'Ain, 1 vol. gr. in-8. Lyon, 1881. 10 fr.

Description de la faune malacologique des terrains préhistoriques de la vallée de la Saône, 1 br. in-8. Macon, 1882. 2 fr.

Prodrome de malacologie française, catalogue général des Mollusques vivants de France, Mollusques terrestres, des eaux douces et des eaux saumâtres, 1 vol. gr. in-8. Lyon, 1883. 20 fr.

Malacologie des lacs de Tibériade, d'Antioche et d'Homs, en Syrie, 1 vol. gr. in-8 avec 5 planches. Lyon, 1883. [illegible] fr.

Description d'une nouvelle espèce de Mollusques appartenant au genre Paulia, 1 br. gr. in-8. Lyon, 1883. 0 fr. 50

Recherches paléontologiques sur les dépôts tertiaires à Milne-Edwardsia et à Vivipara du pliocène inférieur du département de l'Ain, 1 vol. in-8 avec planches. Macon, 1883. 5 fr.

Considérations sur l'albinisme et le mélanisme chez les Mollusques de la faune française, 1 br. gr. in-8. Lyon, 1883. 3 fr.

De la valeur des caractères spécifiques en malacologie, 1 br. gr. in-8. Lyon, 1883. 3 fr.

Histoire des Mollusques dans l'antiquité, 1 vol. gr. in-8 avec planches. Lyon, 1884. 18 fr.

Prodrome de malacologie française, catalogue général des Mollusques vivants de France, Mollusques marins, 1 vol. in-8. Lyon, 1886. 25 fr.

Etude critique des Tapes des côtes de France, 1 vol. in-8 avec planches. Paris, 1887. [illegible] fr.

Revision des espèces françaises appartenant au genre Modiola, 1 br. in-8, avec planche. Paris, 1888. 3 fr.

Recherches historiques sur la coquille des Pèlerins, 1 br. gr. in-8. Lyon, 1888. 5 fr. 50

Description des Mollusques fossiles des terrains tertiaires inférieurs de la Tunisie, 1 br. in-8, avec atlas in-fol. Paris, 1889. 10 fr.

Revision des espèces françaises appartenant au genre Mytilus, 1 br. in-8 avec planches. Paris, 1890. 3 fr. 50

Les coquilles marines vivantes de la faune française décrites par G. Michaud, études critiques d'après les types de ses collections, 1 br. gr. in-8. Lyon, 1890. 3 fr.

Les Huîtres et les Mollusques comestibles, 1 vol. in-16, avec 97 figures intercalées dans le texte. Paris, 1890. 3 fr. 50

Description des espèces françaises appartenant au genre Mactra, 1 br. in-8, avec 2 planches. Paris, 1891. 3 fr. 50

Sur les espèces françaises du genre Euthria, 1 br. in-8. Paris, 1891. 2 fr.

Contributions à la faune malacologique française, 3 vol. gr. in-8, avec tableaux et planches. Paris, 1880-91. 72 fr.

Les Coquilles marines des côtes de France. Description des familles, genres et espèces. 1 vol. gr. in-8 br., avec 343 fig. dessinées d'après nature et intercalées dans le texte. 18 fr.

Lyon. — Imprimerie Pitrat aîné, **A. Rey** successeur, 4, rue Gentil. — 3341

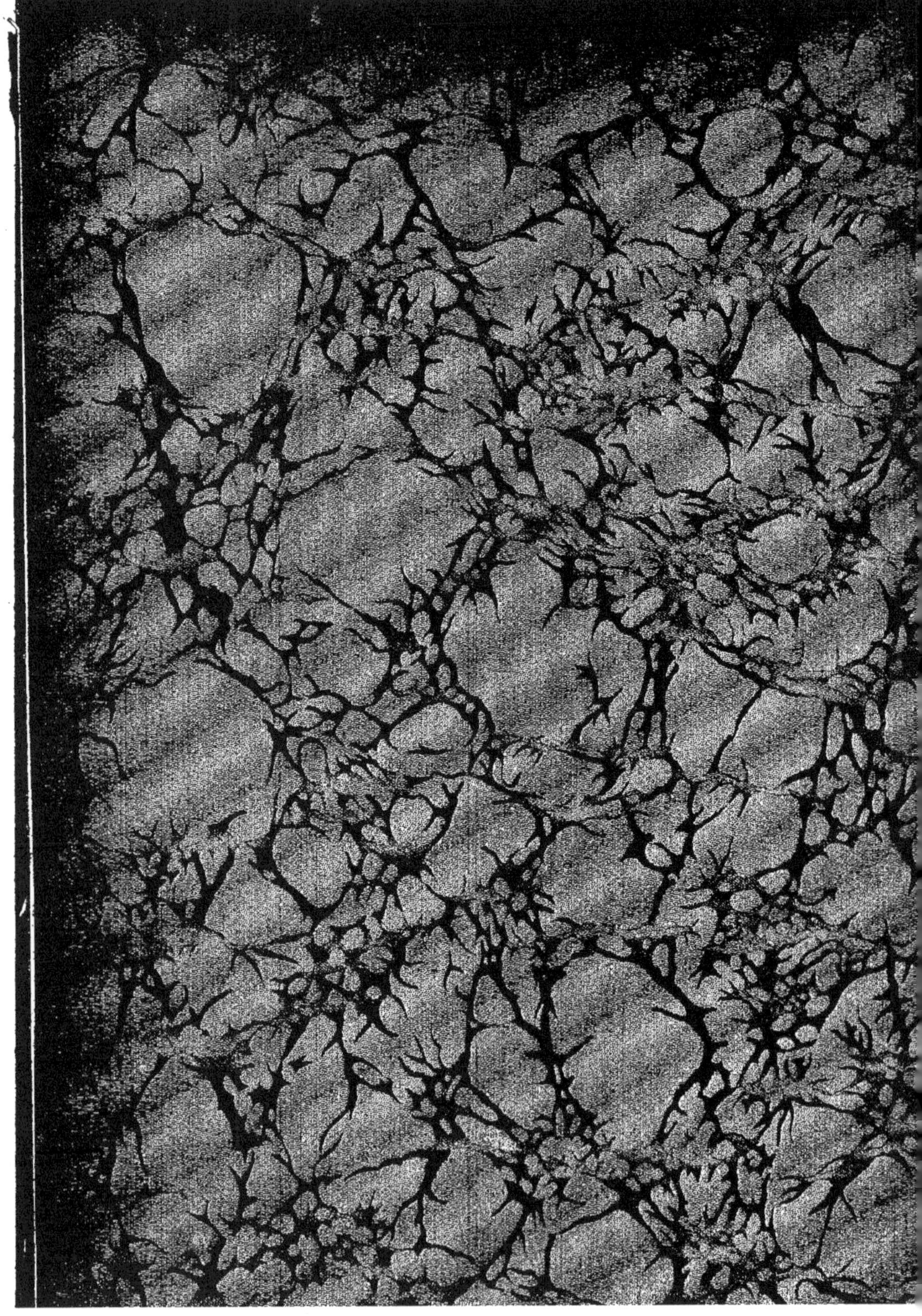

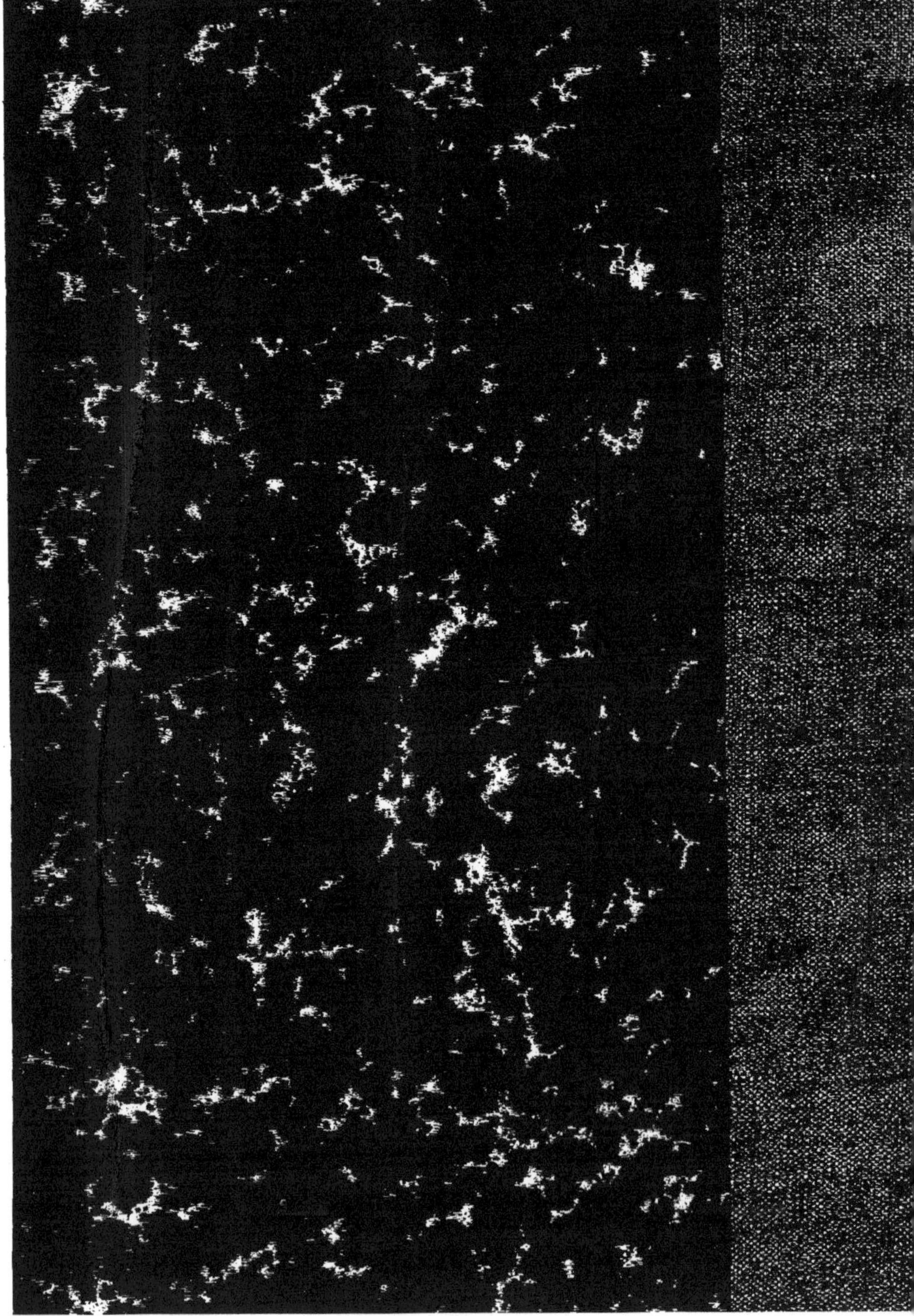

www.ingramcontent.com/pod-product-compliance
Ingram Content Group UK Ltd.
Pitfield, Milton Keynes, MK11 3LW, UK
UKHW021056200726
13857UKWH00003B/962